# 昔阳县
## 耕地地力评价与利用

何振强　主编

中国农业出版社

## 内容简介

本书是对山西省昔阳县耕地地力调查与评价成果的集中反映。是在充分应用"3S"技术进行耕地地力调查并应用模糊数学方法进行成果评价的基础上，对昔阳县耕地资源的历史、现状及问题进行了分析、探讨，并应用大量调查分析数据对昔阳县耕地地力、中低产田地力、果园地力状况等做了深入细致的分析。揭示了昔阳县耕地资源的本质及目前存在的问题，提出了耕地资源合理改良利用意见。为各级农业科技工作者、各级农业决策者制订农业发展规划，调整农业产业结构，加快绿色、无公害农产品基地建设步伐，保证粮食生产安全，科学施肥，退耕还林，进行节水农业、生态农业以及农业现代化、信息化建设提供了科学依据。

本书共七章。第一章：自然与农业生产概况；第二章：耕地地力调查与质量评价的内容和方法；第三章：耕地土壤属性；第四章：耕地地力评价；第五章：中低产田类型分布及改良利用；第六章：土壤质量状况及培肥对策（玉米）；第七章：耕地地力调查与质量评价的应用研究。

本书适宜农业、土肥科技工作者及从事农业技术推广与农业生产管理的人员阅读。

# 编 写 人 员 名 单

主　　编：何振强

副 主 编：王永军　毛瑞涛　王万庆

编写人员（按姓名笔画排序）：

王建军　王爱军　王爱萍　王慧杰

兰晓庆　乔瑞英　李　华　李云生

李玉林　李红梅　李晓梅　杨小军

何万强　何振强　宋志峰　张长明

张君伟　郑国宏　赵志莲　聂志红

贾玉芳　郭海明　董文学　程聪荟

序

　　农业是国民经济的基础，农业发展是国计民生的大事。为适应我国农业发展的需要，确保粮食安全和增强我国农产品竞争的能力，促进农业结构战略性调整和优质、高产、高效、生态农业的发展，针对当前我国耕地土壤存在的突出问题，2009年在农业部精心组织和部署下，昔阳县成为第二批测土配方施肥县（区）。根据《测土配方施肥技术规范》、昔阳县农业技术推广中心积极开展测土配方施肥工作，同时认真实施耕地地力调查与评价。在山西省土壤肥料工作站、山西农业大学资源环境学院、晋中市土壤肥料工作站、昔阳县农业技术推广中心的科技人员的共同努力下，2013年完成了昔阳县耕地地力调查与评价工作。通过耕地地力调查与评价工作的开展，摸清了昔阳县耕地地力状况，查清了影响当地农业生产持续发展的主要制约因素，建立了昔阳县耕地地力评价体系，提出了昔阳县耕地资源合理配置及耕地适宜种植、科学施肥及土壤退化修复的意见和方法。这些成果为全面提高昔阳县农业生产水平，实现耕地质量计算机动态监控管理，适时提供辖区内各个耕地基础管理单元土、水、肥、气、热状况及调节措施提供了基础数据平台和管理依据。同时，也为各级农业决策者制订农业发展规划，调整农业产业结构，加快绿色食品基地建设步伐，保证粮食生产安全以及促进农业现代化建设提供了第一手科学资料和最直接的科学依据。也为今后大面积开展耕地地力调查与评价工作，实施耕地综合生产能力建设，发展旱作节水农业、测土配方施肥及其他农业新技术普及工作提供了技术支撑。

　　《昔阳县耕地地力评价与利用》一书，系统地介绍了耕地资源评价的方法与内容，应用大量的调查分析资料，分析研究了昔阳县耕地资源的利用现状及问题，提出了合理利用的对策和建议。该书集理论指导性和实际应用性为一体，是一本值得推荐的实用技术读物。我相信，该书的出版将对昔阳县耕地的培肥和保养、耕地资源的合理配置、农业结构调整及提高农业综合生产能力起到积极的促进作用。

2013 年 5 月

# 前言

　　耕地是人类获取粮食及其他农产品最重要的、不可替代的、不可再生的资源，是人类赖以生存和发展的最基本的物质基础，是农业发展必不可少的根本保障。新中国成立以来，山西省昔阳县先后开展了两次土壤普查。两次土壤普查工作的开展，为昔阳县国土资源的综合利用、施肥制度改革、粮食生产安全做出了重大贡献。近年来，随着农村经济体制的改革及人口、资源、环境与经济发展矛盾的日益突出，农业种植结构、耕作制度、作物品种、产量水平，肥料、农药使用等方面均发生了巨大变化，产生了诸多如耕地数量锐减、土壤退化污染、次生盐渍化、水土流失等问题。针对这些问题，开展耕地地力评价工作是非常及时、必要和有意义的。特别是对耕地资源合理配置、农业结构调整、保证粮食生产安全、实现农业可持续发展有着非常重要的意义。

　　昔阳县耕地地力评价工作，于 2009 年开始到 2012 年结束，完成了全县 5 镇、7 乡、335 个行政村的 43.8 万亩耕地的调查与评价任务，3 年共采集土样 3 500 个；认真填写了采样地块登记表和农户调查表，完成了 3 500 个样品常规化验，中量、微量元素分析化验，数据分析和收集数据的计算机录入工作；基本查清了昔阳县耕地地力、土壤养分、土壤障碍因素状况，划定了昔阳县农产品种植区域；建立了较为完善的、可操作性强的、科技含量高的昔阳县耕地地力评价体系；提出了全县耕地保护、地力培肥、耕地适宜种植、科学施肥及土壤退化修复办法等；收集资料之广泛、调查数据之系统、成果内容之全面是前所未有的。这些成果为全面提高农业工作的管理水平，实现耕地质量计算机动态监控管理，适时提供辖区内各个耕地基础管理单元土、水、肥、气、热状况及调节措施提供了基础数据平台和管理依据。同时，也为各级农业决策者制订农业发展规划，调整农业产业结构，加快绿色食品基地建设步伐，保证粮食生产安全，进行耕地资源合理改良利用，科学施肥及退耕还林还草、节水农业、生态农业、农业现代化建设提供了第一手科学资料和最直接的科学依据。

为了将调查与评价成果尽快应用于农业生产，在全面总结昔阳县耕地地力评价成果的基础上，引用大量成果应用实例和第二次土壤普查、土地详查有关资料，编写了《昔阳县耕地地力评价与利用》一书。首次比较全面系统地阐述了全县耕地资源类型、分布、地理与质量基础、利用状况、改善措施等，并将近年来农业推广工作中的大量成果资料录入其中，从而增加了该书的可读性和可操作性。

在本书编写的过程中，承蒙山西省土壤肥料工作站、山西农业大学资源环境学院、晋中市土壤肥料工作站、昔阳县农业委员会广大技术人员的热忱帮助和支持，在土样采集、农户调查等方面做了大量的工作。王永军安排部署了本书的编写，由张长明、毛瑞涛、李玉林、李云生、郭海明完成编写工作；参与野外调查和数据处理的人员有李燕军、王爱军、杨小军、李红梅、刘红斌、乔瑞英、宋志峰、李海生、杨素梅、李晓梅、贾玉芳、赵志莲等；土样分析化验工作分别由山西省土壤肥料工作站检测中心、晋中市土壤肥料工作站完成；图形矢量化、土壤养分图、数据库和地力评价工作由山西农业大学资源环境学院完成；野外调查、室内数据汇总、图文资料收集和文字编写工作由昔阳县农业技术推广中心完成，在此一并致谢。

编　者

2013 年 5 月

# 目 录

# 第一章　自然与农业生产概况

昔阳县位于山西省东部，太行山西麓。地理坐标为北纬 37°20′～37°43′，东经 113°20′～114°08′。县域面积 1 954.3 平方千米（293.2 万亩*），归晋中市辖。

昔阳县地处太行山低中山土石山区和温带、暖温带半干旱大陆性季风气候区。地势西高东低，平均海拔为 1 116 米。地貌四界峰峦叠嶂，围成中部盆地。盆地内丘陵突起，沟壑纵横。山地丘陵面积约占 94%，仅在河谷两岸有少量平川。

昔阳县气候四季分明，冬季严寒，夏季炎热，春秋温暖。雨量分布不均，极易发生洪、旱灾害，水土流失严重。1979—2010 年，年平均降水量 488.5 毫米，比 1958 年有气象记录以来至 1990 年的平均降水量 571.9 毫米少 83.4 毫米。同期年平均气温 9.85℃，受全球气候变暖的影响，比 1958 年有气象记录以来至 1990 年的平均气温高 0.55℃。

昔阳县主要土壤为褐土性土，土性良好，可耕性强。20 世纪 80 年代，自然植被占总土地面积的 56.7%，且分布极不均匀。经过 30 年的植树造林和生态保护，重点实施小流域治理工程、水土保持工程、太行山绿化工程、生态沟建设工程、生态涵养林工程，特别是从 2002 年开始实施退耕还林、退耕还草和"十一五"期间实施"西菜东果"战略及环城绿化、通道绿化、荒山绿化、园林村建设以来，全县的植被状况有了较大改善。2010 年森林面积达到 54 万亩，森林覆盖率达到 17.5%。

20 世纪 80 年代初，昔阳县实有已用和可用的土地面积为 240.2 万亩，占地域总面积的 81.92%；其中，耕地 59 万亩，林地 2.5 万亩。30 年来的经济建设和退耕还林，耕地面积减少。2010 年，全县耕地面积降至 43.8 万亩，林地面积增加到 88.99 万亩。

昔阳县水资源缺乏。20 世纪 80 年代全县的水资源总量约 1.67 亿立方米，2010 年降至 1.61 亿立方米，人均占有量 560 立方米，是全国人均占有量的 1/5。煤炭资源丰富，2010 年昔阳县探明煤田面积 151 平方千米，储量 21.42 亿吨，分布在乐平、李家庄、大寨、三都 4 个乡（镇）。其中昔阳县拥有煤田面积 90.76 平方千米（不含阳煤集团），保有储量 5.07 亿吨。煤层气是昔阳县又一资源优势，储量约 54.46 亿立方米。石灰石储量丰富，此外，铁矿、铜矿及白云岩、硫黄矿、磷矿等也有分布。

## 第一节　自然与农业概况

### 一、地理位置与行政区划

昔阳县位于山西省东部太行山西麓的晋中市。东与河北省赞皇县、内丘县、井陉市、邢台市接壤，西与寿阳县为邻，南与和顺县毗连，北与平定县交界。东西长 70 千米，南

---

* 亩为非法定计量单位，1 亩＝1/15 公顷。

北宽 41 千米，县域面积 1 954.3 平方千米。

随着农村经济逐步向产业化、集约化、规模化发展以及农村小城镇化进程的不断加快，原来的乡（镇）区划难以适应经济和社会发展的要求，客观上制约着区域经济的发展和小城镇建设的速度。按照上级部门的统一部署和昔阳县的实际情况，行政区划由 4 镇 16 乡调整为 5 镇 7 乡。同时，为了进一步整合农村人力、物力、财力资源，按照村级规模并大、经济实力并强、班子结构并优和精简人员、提高效能、节约开支、增加农民收入的目标，在规模适度、地域相邻、尊重民意、优势互补的原则下有序推进行政村合并的"大村庄制"。2003 年 3 月 14 日，全县共有行政村 335 个。

## 二、土地资源概况

昔阳县地域总面积约为 293.2 万亩。据 1984 年的土地利用现状调查，其中基岩裸露的石山沟坎 49.81 万亩，占总地域面积的 16.99%；河道占地 2.65 万亩，占总地域面积的 0.90%；水域面积 0.55 万亩，占总地域面积的 0.19%；全县实有已用和可用的土地面积 240.2 万亩，占地域总面积的 81.92%。

20 世纪 80 年代，在 240.2 万亩土地中，耕地面积为 59 万亩，村镇、工矿业占地 5.45 万亩，果园占地 3 万亩，交通道路占地 4.35 万亩，已成林地 2.5 万亩，总计 74.3 万亩，占可用土地面积的 30.93%。在尚未开发的土地 165.9 万亩中，宜林面积 94 万亩，宜牧面积 71.9 万亩，没有可拓为耕地的地域。

2002 年对土地利用现状调查，耕地面积为 47.2 万亩，占总地域面积的 16.1%，各类土地占用面积和分布见表 1-1、表 1-2。

**表 1-1　2002 年土地利用分布情况**

单位：万亩

| 乡（镇） | 地域总面积 | 各类土地使用面积 | | | | |
|---|---|---|---|---|---|---|
| | | 耕　地 | 园　地 | 林　地 | 草　地 | 其　他 |
| 乐平镇 | 29.54 | 6.74 | 1.17 | 4.42 | 0.92 | 16.29 |
| 皋落镇 | 27.72 | 3.70 | 0.47 | 1.69 | 0.88 | 20.98 |
| 东冶头镇 | 20.19 | 2.98 | 0.49 | 2.23 | 0.37 | 14.12 |
| 沾尚镇 | 37.37 | 5.47 | 0.016 | 9.72 | 4.44 | 17.72 |
| 大寨镇 | 27.72 | 6.26 | 0.24 | 8.71 | 0.001 | 12.51 |
| 李家庄乡 | 5.75 | 2.85 | 0.071 | 0.26 | — | 2.57 |
| 三都乡 | 10.54 | 1.53 | 0.011 | 4.12 | — | 4.88 |
| 阎庄乡 | 15.91 | 3.64 | 0.42 | 2.72 | — | 9.13 |
| 赵壁乡 | 37.80 | 7.27 | 0.82 | 6.26 | 0.006 | 23.44 |
| 界都乡 | 19.55 | 3.54 | 0.15 | 0.95 | — | 14.91 |
| 孔氏乡 | 30.03 | 1.41 | 0.18 | 8.89 | 0.001 | 19.55 |
| 西寨乡 | 30.09 | 1.80 | 0.001 4 | 16.25 | 0.77 | 11.27 |
| 合　计 | 292.21 | 47.20 | 4.044 | 81.40 | 7.38 | 152.19 |

说明：其他包括工矿交通民居用地及水域占地、无利用地。

表 1-2 2005 年土地利用分布情况

| 乡（镇） | 地域总面积（亩） | 各类土地使用面积（亩） | | | |
| --- | --- | --- | --- | --- | --- |
| | | 耕 地 | 园 地 | 林 地 | 牧草地 |
| 乐平镇 | 295 419.7 | 62 136.6 | 11 572.4 | 53 753.6 | 9 238.6 |
| 皋落镇 | 277 171.8 | 37 021.1 | 4 731.1 | 158 559.5 | 8 755.0 |
| 东冶头镇 | 201 915.8 | 24 603.7 | 4 850.9 | 34 798.9 | 3 704.5 |
| 沾尚镇 | 373 698.8 | 46 583.3 | 143.8 | 122 029.3 | 39 167.0 |
| 大寨镇 | 277 163.3 | 55 878.5 | 2 232.2 | 101 138.4 | 11.1 |
| 李家庄乡 | 57 484.6 | 25 617.1 | 711.8 | 7 563.5 | — |
| 三都乡 | 105 394.0 | 13 542.9 | 107.6 | 43 694.0 | — |
| 阎庄乡 | 159 125.1 | 36 365.7 | 4 231.6 | 27 192.3 | — |
| 赵壁乡 | 378 029.5 | 72 473.2 | 8 243.0 | 62 779.3 | 59.5 |
| 界都乡 | 195 524.5 | 34 843.1 | 1 499.7 | 10 208.6 | — |
| 孔氏乡 | 300 268.4 | 14 132.8 | 1 877.6 | 88 930.1 | 11.8 |
| 西寨乡 | 300 873.7 | 15 052.1 | 14.6 | 169 311.7 | 7 530.4 |
| 合　计 | 2 922 069.2 | 438 250.2 | 40 216.3 | 889 959.2 | 68 478.3 |

2002 年实施退耕还林，到 2010 年，昔阳县耕地面积降至 43.8 万亩，占地域总面积的 15%。其中，旱地 43.22 万亩，水浇地 0.47 万亩，灌溉水田 95.5 亩，菜地 1 209 亩；林地面积增加到 88.99 万亩，占地域总面积的 30.46%，其中经济林 36.47 万亩，灌木林 34.55 万亩，疏林地 9.09 万亩，未成林地 8.63 万亩，迹地 1 732 亩，苗地 1 358 亩；园地面积 4.02 万亩，占地域总面积的 1.38%；牧草地面积 6.85 万亩，占地域总面积的 2.34%，均为天然草地；其余 148.51 万亩为工矿居民、交通、水域占地和未利用地。

## 三、自然气候与水文地质

### （一）气候

**1. 气温** 昔阳县的气候特点是一年四季分明。春季温度回升快但不稳定，日照充足，少雨多风；夏季炎热，雨水集中而分布不均，常伴有干旱、洪水、风雹灾害；秋季多晴朗天气，常有大风、霜冻出现；冬季寒冷，风多雪少。

昔阳县年平均气温 9.9℃，1999 年最高为 11.1℃，1984 年最低为 8.6℃。每年 1 月平均气温最低，7 月最高，分别为 -6.2℃ 和 23.9℃。2005 年 6 月 22 日最高气温达 39.8℃，1970 年 1 月 5 日最低气温为 -23.9℃，分别为昔阳县 1958 年有气象记录以来极端最高、最低气温。受全球气候变暖的影响，1991—2010 年，全县年平均气温 10.1℃，较有气象记录以来至 1990 年 32 年间的年平均气温 9.3℃升高 0.8℃。

一般 3 月上旬为气温稳定通过 0℃ 的初始期。1960 年、1961 年初日最早，为 2 月 19 日，1991 年最晚为 3 月 29 日。一般 11 月上旬为 0℃ 以上气温终结日。1981 年最早为 11

月 5 日，1983 年最晚为 12 月 10 日。气温稳定通过 10℃的初日为 4 月中旬，1974 年、1998 年最早，为 4 月 3 日；1960 年最晚，为 5 月 9 日。稳定期平均 178 天。＞0℃积温 3 330.4℃。

昔阳县全年无霜期平均 194 天，2008 年最长达 220 天；1974 年最短，仅有 128 天。一般初霜日出现在 10 月上旬。1972 年最早，出现在 9 月 4 日；2008 年最晚，出现在 10 月 29 日。终霜日一般出现在次年 4 月中旬。1975 年迟至 5 月 19 日终霜，2000 年最早在 2 月 29 日终霜。霜日集中在 10 月至次年 3 月，以 11 月最多。受全球气候变暖的影响，1991—2010 年的年平均无霜期 197 天，较 1958—1990 年的 162 天增加 35 天。

结冰持续期平均 170 天，10 月下旬为初冰期，次年 4 月上旬为冰终期。平均冻土开始时间为 12 月上旬，解冻时间为 3 月上旬。平均冻土深度 55 厘米。1977 年出现昔阳县最大冻土深度，达 75 厘米。

**2. 气压** 年平均气压 916.3 毫巴。1970 年 1 月 5 日出现最高气压 940.5 毫巴，2009 年 2 月 12 日出现最低气压 895.1 毫巴。

**3. 降水量** 据昔阳县气象局 1980—2010 年资料统计，昔阳县年平均降水量 499.6 毫米。1996 年最多为 857.1 毫米，1992 年最少为 296.5 毫米。雨量主要集中在 7—8 月，2 个月平均降水 342.9 毫米，既有利于作物生长，又易发生暴雨洪灾。12 月及翌年 1 月、2 月为降水量最少的月份，3 个月平均降水 12.7 毫米。累年平均有雨日 92 天，7 月、8 月即占 31 天。

冬雪初日平均出现在 11 月中旬，终止于翌年 4 月上旬。初终间平均 145 天。1979—2010 年，初日最早出现在 1986 年 10 月 17 日，终日最晚出现在 2007 年 4 月 15 日。年最大积雪厚度 34 厘米，发生在 2009 年 11 月 12 日。2005 年则全年基本无雪。

**4. 蒸发量** 年平均蒸发量 20 世纪 80～90 年代为 1 887.9 毫米，2000—2010 年为 1 668.3 毫米。历年 4—6 月蒸发量最大，占全年的 50%左右。1971 年 5 月蒸发量最大，达 451.9 毫米。12 月至翌年 1 月蒸发量最小，2006 年 1 月仅有 25.1 毫米。

**5. 日照** 昔阳县年平均日照总时数 2 484.6 小时，1980 年最多达 2 907.8 小时，2010 年最少仅有 2 013.5 小时。累年平均日照率 58.8%，居全国优越地位。根据多年的资料统计分析，每年的 5 月日照时数最多，平均达 270 小时；每年的 11 月、12 月和翌年的 1 月平均日照率最高，达 67%。

**6. 湿度** 累年平均相对湿度为 58%，每年的 7～9 月相对湿度最高，平均为 77%；每年的 12 月至翌年 2 月相对湿度最低，只有 50%。

**7. 风雾** 历年 10 月至次年 3 月刮西风、西北风较多，4 月至 9 月刮东风和东南风较多。平均风速 1.5 米/秒。年均大风日 22.4 天，最大风速 21 米/秒。

有雾天气一般出现在秋、冬季的后半夜至上午 9：00 许，年平均有雾日 36 天。

昔阳县西高东低的地势导致气候区域差异明显。

东部东冶头、孔氏两乡（镇）年平均气温 11.9℃，高出全县年平均气温 2℃。年平均无霜期 209 天，高出全县年平均无霜期 15 天。

西部地区沾尚、西寨两乡（镇）及皋落镇东南部高地年平均气温 8℃以下，白羊山仅为 2.9℃。无霜期 130～140 天，白羊山仅有 110 天左右。降水量 600～650 毫米，白羊山一带达 700 毫米，界都乡是全县平均降水量最少的地区，平均降水量为 480 毫米以下。

中部地区的其他乡（镇）累年平均气温 9℃，无霜期 160 天左右。

**（二）土壤类型**

昔阳县土壤母质以黄土为主，覆盖面积占 50%～60%。黄土质地疏松多孔，无层理，直立性强，石灰质含量高，广泛分布在二级、三级阶地和沟壑上部。此外，各地零星分布着部分红土母质。昔阳的土壤种类主要是褐土和草甸土（表 1-3）。

**1. 褐土** 褐土是昔阳县的地带性土壤，土性良好，可耕性强，分布广泛，面积约 254.98 万亩，占总土地面积的 87.32%。剖面观察可见不同程度的黏化层和钙积层。碳酸钙含量 4%～10%，块状结构。耕层有机质含量为 0.6%～2.0%，全氮含量 0.1% 左右。由于海拔和区域气候的差异，褐土分为淋溶褐土、草灌褐土、褐土性土等数种。

淋溶褐土分布在沾尚、西寨、皋落等乡（镇）及乐平镇的巴州、乐平一带，大寨镇的洪水一带，赵壁乡的白羊峪一带海拔为 1 300～1 800 米的山坡上。因森林植被作用，土体淋溶充分，土壤淋溶层明显，2～3 米深才出现钙积层。由于表层岩基被淋洗，土壤呈中性或微酸性反应。

草灌褐土分布于海拔为 800～1 500 米处，一般上限为淋溶褐土，下限为褐土性土。表面植被多以酸枣、黄刺玫、铁秆蒿、荆条等耐旱、耐贫瘠植物覆盖。有机质层厚 10 厘米左右，以下为半风化母质层，呈微碱性反应。

褐土性土分布于海拔为 700～1200 米的区带，一般发育在覆盖深厚的黄土及红色黄土母质上，疏松多孔，呈微碱性反应，为昔阳县大部分梯田、坡地的耕壤。

**2. 草甸土** 昔阳县的草甸土多为浅色草甸土，呈带状分布在潇河、清漳河沿岸及松溪河两侧的一级阶地，面积 4.88 万亩。土壤剖面有铁锰化合物锈纹锈斑。其成土母质为洪冲积物或堆垫性黄土。有机质含量为 0.7%～0.9%，全氮含量为 0.04%～0.06%，全磷含量为 0.04%～0.05%，为昔阳县耕作土壤之一。

**表 1-3 昔阳县土壤土类面积分布**

| 土类 | 亚类 | 土属 | 土种 | 面积（万亩） | 分布区域 |
|---|---|---|---|---|---|
| 褐土 | 淋溶褐土 | 砂页岩质淋溶褐土 | 薄体砂页岩质淋溶褐土 | 2.60 | 西寨、沾尚两乡（镇），海拔为 1 300～1 500 米处 |
| | | | 中体砂页岩质淋溶褐土 | 5.82 | |
| | | 黄土质淋溶褐土 | 薄体黄土质淋溶褐土 | 1.43 | 西寨、沾尚、皋落、闫庄等乡（镇）及赵壁乡白羊峪一带 |
| | | | 中体黄土质淋溶褐土 | 12.74 | |
| | 草灌褐土 | 石灰岩质草灌褐土 | 厚体黄土质淋溶褐土 | 0.71 | 皋落、闫庄、赵壁等东南部乡（镇） |
| | | | 薄体石灰岩质草灌褐土 | 47.18 | |
| | | | 中体石灰岩质草灌褐土 | 3.04 | |
| | | 耕作石灰岩质草灌褐土 | 耕作性多砾石石灰质草灌褐土 | 0.80 | 界都、东冶头、孔氏东部乡（镇），海拔为 800～1 000 米处 |
| | | | 耕作壤性石灰质草灌褐土 | 0.21 | |
| | | 砂页岩质草灌褐土 | 薄体砂页岩质草灌褐土 | 79.96 | 西寨、沾尚两乡（镇）及乐平镇西部乐平一带 |
| | | | 中体砂页岩质草灌褐土 | 18.80 | |

（续）

| 土类 | 亚类 | 土属 | 土 种 | 面 积（万亩） | 分布区域 |
|---|---|---|---|---|---|
| 褐土 | 草灌褐土 | 耕作砂页岩质草灌褐土 | 耕作沙性砂页岩质草灌褐土 | 2.80 | 乐平、大寨、三都、西寨、沾尚等乡（镇）及孔氏乡王寨一带 |
| | | | 耕作壤性砂页岩质草灌褐土 | 0.02 | |
| | | | 耕作沙性多砾石砂页岩质草灌褐土 | 0.42 | |
| | | | 耕作壤性多砾石砂页岩质草灌褐土 | 0.04 | |
| | | 黄土质草灌褐土 | 薄体黄土质草灌褐土 | 17.75 | 赵壁、阎庄、三都、皋落及乐平（镇）巴州、乐平，大寨镇洪水一带 |
| | | | 中体黄土质草灌褐土 | 3.38 | |
| | | | 厚体黄土质草灌褐土 | 5.10 | |
| | | | 轮荒壤性黄土质草灌褐土 | 0.63 | |
| | | 耕作黄土质草灌褐土 | 耕作壤体黄土质草灌褐土 | 3.84 | 西寨、沾尚、东冶头、阎庄、李家庄等乡（镇）及大寨镇的杜庄一带 |
| | | | 耕作壤体料姜黄土质草灌褐土 | 0.01 | |
| | | | 耕作多砾黄土质草灌褐土 | 0.74 | |
| | | 耕作红黄土质草灌褐土 | 耕作壤体红黄土质草灌褐土 | 0.84 | 西寨、沾尚等乡（镇）及大寨镇的杜庄一带 |
| | | | 耕作壤体料姜红黄土质草灌褐土 | 0.004 | |
| | | | 耕作黏性红黄土质草灌褐土 | 0.039 | |
| | | 沟淤草灌褐土 | 壤性沟淤草灌褐土 | 1.00 | 大寨、赵壁、界都、皋落、西寨、沾尚、孔氏等乡（镇） |
| | | | 壤性多砾沟淤草灌褐土 | 0.43 | |
| | | | 沙性沟淤草灌褐土 | 0.03 | |
| | 褐土性土 | 耕作黄土质褐土性土 | 耕作壤体黄土质褐土性土 | 17.38 | 全县均有分布，西寨乡、沾尚镇分布较广 |
| | | | 耕作壤体初熟黄土质褐土性土 | 0.58 | |
| | | | 耕作壤体熟化黄土质褐土性土 | 0.59 | |
| | | | 耕作轻壤多料姜黄土质褐土性土 | 2.94 | |
| | | | 耕作轻壤深位薄层料姜黄土质褐土性土 | 0.32 | |
| | | 耕作红黄土质褐土性土 | 耕作壤体红黄土质褐土性土 | 8.91 | |
| | | | 耕作壤体多料姜红黄土质褐土性土 | 2.67 | |
| | | | 耕作壤体浅位中层料姜红黄土质褐土性土 | 0.048 | |
| | | | 黏性红黄土质褐土性土 | 0.56 | |
| | | 埋藏黑土型褐土性土 | 轻壤质埋藏黑土型褐土性土 | 0.45 | 赵壁、三都、阎庄、界都乡及乐平镇西部 |
| | | | 壤质浅位中厚层埋藏黑土型褐土性土 | 0.10 | |
| | | 沟淤褐土性土 | 沙质沟淤褐土性土 | 0.05 | 乐平、大寨、李家庄、赵壁、阎庄、界都、三都、东冶头、孔氏等乡（镇） |
| | | | 沙质多砾沟淤褐土性土 | 0.16 | |
| | | | 壤质沟淤褐土性土 | 2.22 | |
| | | | 壤质多砾沟淤褐土性土 | 0.07 | |
| | | 洪冲积褐土性土 | 沙质洪冲积褐土性土 | 0.69 | 全县各山口、河岸均有分布 |
| | | | 中位中层砾石沙质洪冲积褐土性土 | 0.011 | |

（续）

| 土类 | 亚类 | 土属 | 土种 | 面积（万亩） | 分布区域 |
|---|---|---|---|---|---|
| 褐土 | 褐土性土 | 洪冲积褐土性土 | 壤质洪冲积褐土性土 | 1.69 | 全县各山口、河岸均有分布 |
| | | | 浅位中层壤质洪冲积褐土性土 | 0.038 | |
| | | | 壤质中砾洪冲积褐土性土 | 0.21 | |
| | | | 壤质多砾洪冲积褐土性土 | 0.61 | |
| | | 堆垫褐土性土 | 中厚体壤质堆垫褐土性土 | 2.61 | 全县河滩、河沟、谷底 |
| | | | 壤质砂卵石底堆垫褐土性土 | 1.72 | |
| | | | 中位薄黏层人工淤灌褐土性土 | 0.005 5 | |
| 草甸土 | 浅色草甸土 | 耕作浅色草甸土 | 耕作壤体浅色草甸土 | 1.16 | 松溪河、潇河、清漳河沿岸 |
| | | | 耕作壤体浅位薄沙层浅色草甸土 | 0.048 | |
| | | | 耕作壤性浅位中沙层浅色草甸土 | 0.23 | |
| | | | 耕作沙性浅色草甸土 | 0.31 | |
| | | | 耕作壤性底潜育性草甸土 | 0.11 | |
| | | 堆垫浅色草甸土 | 中厚体壤性堆垫浅色草甸土 | 1.05 | |
| | | | 壤性砂卵石底堆垫浅色草甸土 | 1.74 | |
| | | 盐化浅色草甸土 | 耕作轻度硫酸盐型浅色草甸土 | 0.23 | |

**（三）河流与地下水**

昔阳县水资源缺乏，20世纪80年代总量约1.67亿立方米。据2004年山西省第二次水资源评价，昔阳县水资源总量1.366亿立方米，可应用量0.345 6亿立方米，占总量的1/4，人均占有量560立方米，是全国人均占有量的1/5。而且受地形和气候的影响，时空分布不均。2010年，全县的水资源总量为1.61亿立方米。

**1. 河川径流**　河川径流是主要的地表水资源，约占水资源总量的68.3%。松溪河、潇河、清漳河东源是全县河泉汇聚的三大主流，年径流面积1 941平方千米，占全县面积的99.3%。20世纪80~90年代，三河年均总径流量1.03亿立方米，其中松溪河为0.69亿立方米，潇河为0.16亿立方米，清漳河为0.18亿立方米。

由于年际及年内降水极不均衡，导致年际及年内四季径流量悬殊极大。历年6~9月是昔阳县汛期。7~8月为洪汛高峰期。汛期河道径流丰沛，洪汛高峰时，河床涨满，径流量占年径流量的50%~80%。1996年8月3~5日，由于受8号台风的影响，在晋、冀交界的太行山区发生特大暴雨洪水，松溪河流域最大24小时平均降水量228.7毫米。8月4日，泉口水文站出现最大洪峰流量4 100立方米/秒，超过1963年的2 330立方米/秒。

1980—2000年，昔阳县多年平均地表水资源量7 999万立方米，折合水深41.2毫米，较1956—2000年45年系列均值偏少30.9%。系列中地表水资源量最大值发生在1996年，为38 043万立方米；最小资源量发生于1986年，仅2 674万立方米，年径流极值比

14.2。2005 年地表水资源量 5 271 万立方米，折合水深 27.2 毫米，较 1956—2000 年 45 年系列均值偏少 49.7%。径流系数为 0.051，径流模数为 2.7 万立方米/平方千米。2010 年测量，昔阳县河川径流量为 1.04 亿立方米，年径流面积 1 830 平方千米。其中松溪河径流面积 1 473 平方千米，潇河径流面积 357 平方千米。

以昔阳县年平均降水 500 毫米计算，年降水量约 20 亿立方米。除耕地、荒山吸纳 8 亿立方米，水库、水塘等蓄水 0.3 亿立方米外，尚有 11 亿立方米的雨水通过径流流出境外。

**2. 地下水**　1981 年，昔阳县农业资源调查组采用入渗法和均衡法对该县地下水资源进行勘察，得出的储量为年 2.25 亿立方米，可采量为年 6 003 万立方米。

30 年来，由于煤炭开采导致地下水严重渗漏，工农业生产及居民生活大量抽取地下水，使昔阳的地下水不仅储量减少，且水位下降。全县 1980—2000 年多年平均地下水资源量 9 429 万立方米，其中，孔隙—裂隙水 4 352 万立方米，占 46.2%；岩溶水 5 077 万立方米，占 53.8%。

2004 年勘察，昔阳的地下水储量只有年 0.96 亿立方米，比 1981 年减少 57.3%。4 个产煤乡（镇）几乎没有浅层地下水可供开采。2010 年勘察，本县的地下水资源量为 0.97 亿立方米。昔阳的地下水主要储藏于 6 个含水构造系统。

（1）滹沱群变质砂岩、板岩、安山岩及闪长岩裂隙水含水岩系：主要分布于孔氏乡，储水面积约 36 平方千米。地下水类型以风化裂隙水为主，补给来源主要靠大气降水，受雨季影响明显。这些储水地段没有统一的区域水位，一般水位较浅，水量不大。泉水涌流量每小时 0.03～10 立方米，井水涌流量每小时 0.02～30 立方米。

（2）震旦系石英砂岩裂隙水含水岩系：主要分布在孔氏乡及东冶头、民安、皋落、库城、水峪一带，面积约 300 平方千米。岩层裂隙密集的地方有藏水外泄。化学类型属碳酸钙型，矿化度小于每升 0.5 克。

（3）寒武—奥陶系灰岩、白云岩岩溶裂隙水系：分布于东冶头至水深大背斜轴两侧，面积约 264 平方千米。水位大部为 100～400 米。补给来源主要靠大气降水。单井出水每小时 10～30 立方米。化学类型为钙、镁、钠的碳酸盐，矿化度小于每升 0.5 克，局部地区达 1 克。

（4）石炭系层间灰岩岩溶裂隙水：分布于县城周围及李家庄、大寨、三都有煤的乡（镇），面积约 112 平方千米。含水层为煤层中层间夹层灰岩，水源补给较好。水位埋深原来只有 50～100 米，由于煤炭开采，导致水位大大下降。化学类型为钙、镁、钠的碳酸盐和硫酸盐。矿化度每升 0.5～2 克，属硬水范围。

（5）二三叠砂页岩层间隙裂隙水含水岩系：主要分布在乐平镇西部至沾尚、西寨一带，面积约 654 平方千米。水层集中于平缓波状起伏的向背斜构造中，在裂隙密集处有泉水外泄，但很难找到主泉眼。补给来源主要靠大气降水，因而受季节影响较大。该区域地下水的化学类型为碳酸钙型，矿化度小于每升 0.5 克。

（6）第四系沙砾石孔隙水含水岩系：主要分布于松溪河、潇河、清漳河及其支流河谷中，皋落、库城一带的山间小盆地也有分布。潇河、清漳河的地下含水层主要分布于河床一级阶地上，宽 200～500 米，水位 0～3 米，沙砾石厚 3～7 米，含水比较丰富。松溪河流域出露地层不一，含水性差异很大。乐平河、巴州河、洪水河、杜庄河的地下水主要靠大气降水和夏季洪水及两岸基岩裂隙水补给，因而含水丰富，埋藏较浅。县城东支流汇合处到东固壁河段，河岸、河底均为透水的寒武—奥陶系石灰岩，区域水位深，含水性能差。东固壁至静阳河段、丁峪至王寨河段基底不透水，补给充足，含有丰富的潜水。皋落、库城一带的冰川山间盆地基底相对隔水，地形四周高，易于接受大气降水补给。因此含有较丰富的松散层孔隙水。矿化度低于每升 1 克。

昔阳县 1980—2000 年地下水资源量汇总见表 1-4、水资源总量汇总见表 1-5。

**表 1-4　昔阳县 1980—2000 年地下水资源量汇总表**

| 分区 ＼ 储量 | 面积（万平立米） | 地下水资源量（万立方米） | | |
|---|---|---|---|---|
| | | 孔隙—裂隙水 | 岩溶水 | 合计 |
| 潇　河 | 398 | 775 | | 775 |
| 清漳河 | 114 | 166 | | 166 |
| 城北河 | 70 | 229 | 16 | 245 |
| 城西河 | 105 | 345 | 23 | 368 |
| 松溪河县城以上 | 174 | 571 | 39 | 610 |
| 松溪河县城—口上 | 199 | 499 | 1 177 | 1 676 |
| 赵壁河 | 400 | 601 | 2 590 | 3 191 |
| 杨赵河 | 275 | 719 | 14 | 733 |
| 松溪河口上以下 | 206 | 447 | 1 218 | 1 665 |
| 总　　计 | 1 941 | 4 352 | 5 077 | 9 429 |

**表 1-5　昔阳县 1980—2000 年水资源总量汇总**

单位：万立方米

| 分区 ＼ 水资源量 | 河川径流量 | 地下水资源量 | 重复计算量 | 水资源总量 | 不同保证率（％） | | | |
|---|---|---|---|---|---|---|---|---|
| | | | | | 20 | 50 | 75 | 95 |
| 潇　河 | 1 464 | 775 | 683 | 1 556 | 2 262 | 1 262 | 769 | 409 |
| 清漳河 | 347 | 166 | 113 | 400 | 564 | 273 | 178 | 146.2 |
| 城北河 | 389 | 245 | 238 | 396 | 586 | 300 | 174 | 100.7 |
| 城西河 | 583 | 368 | 357 | 594 | 861 | 456 | 281 | 181 |
| 松溪河县城以上 | 951 | 610 | 591 | 970 | 1 399 | 745 | 467 | 311 |
| 松溪河县城—口上 | 808 | 1 676 | 452 | 2 032 | 2 344 | 1 755 | 1 587 | 1 542 |
| 赵壁河 | 1 097 | 3 191 | 193 | 4 095 | 4 318 | 3 570 | 3 272 | 3 125 |
| 杨赵河 | 1 397 | 733 | 707 | 1 423 | 2 086 | 993 | 591 | 421 |
| 松溪河口上以下 | 963 | 1 665 | 435 | 2 193 | 2 600 | 1 829 | 1 609 | 1 551 |
| 总　　计 | 7 999 | 9 429 | 3 769 | 13 659 | 17 560 | 11 790 | 9 200 | 7 620 |

## 四、农村经济概况

近年来，昔阳县围绕"西菜东果中养猪，山上山下种蘑菇"的思路，大力推进农业产业化进程。继续实施"西菜东果"战略，坚定不移引导农民调整产业结构。全力扶持规模养猪和奶业发展，建设以阎庄、赵壁、西寨等乡（镇）为主的规模养殖园区，带动畜牧养殖业发展。双孢菇是昔阳县近年来发展起来的新型产业，发展势头好，市场前景广阔。通过努力，争取用3年左右的时间实现"一二三四"富民目标，即人均一亩核桃、二分蔬菜、三口猪、建成四个双孢菇示范基地，真正让老百姓看到希望，得到实惠，增加收入。2010年，昔阳县地区生产总值达到 317 582 万元，比 2007 年增长 50.4%，年均增长14.6%；全县财政总收入实现 75 465 万元，比 2007 年增长 148.8%，年均增长 35.5%。

## 第二节　农业生产概况

### 一、农业发展历史

昔阳县是传统农业县。20 世纪 60 年代中期至 70 年代，大搞农田水利基本建设，改善生产条件，粮食产量大幅度增长，在 1975 年第一次全国"农业学大寨"会议上被誉为全国第一个"大寨县"。

1982 年，实行家庭联产承包责任制，极大地调动了农民的生产积极性。1983 年昔阳县粮食总产 13 667.5 万千克，1984 年昔阳县被确定为全国商品粮生产基地县。此后，昔阳县委、县政府把增加农民收入作为发展农业的主线，在稳定 20 万亩玉米种植的基础上，大力调整种植结构，先后实施玉米战略、小杂粮战略、蔬菜战略、苗木战略、西菜东果战略；同时通过"以工补农"增加农业投入，"科技下乡"增加科技投入，2010 年全县农业产值达到 30 351 万元，是 1978 年的 8.33 倍。

### 二、农业生产现状

1979 年，昔阳县共有耕地 407 235 亩（县统计局数字，下同），其中，旱地 342 724亩，水浇地 61 511 亩，农业人口人均耕地 1.88 亩；以后随着基本建设用地和和退耕还林、退耕还草，耕地面积逐年有所减少；2005 年后，昔阳县积极争取国家、省、市土地开发整理项目资金，集中对县内土地连片整理；2010 年全县耕地面积 462 801.4 亩，其中有效灌溉面积 50 745 亩，农业人口人均耕地 2.16 亩（表 1-6、表 1-7）。

**表 1-6　昔阳县 1979—2010 年耕地面积统计**

单位：亩

| 年　度 | 耕　地 | 旱　地 | 水浇地 | 人　均 | 年　度 | 耕　地 | 旱　地 | 水浇地 | 人　均 |
|---|---|---|---|---|---|---|---|---|---|
| 1979 | 407 235 | 342 724 | 64 511 | 1.88 | 1984 | 406 864 | 342 226 | 64 638 | 1.82 |
| 1980 | 407 164 | 345 486 | 61 678 | 1.87 | 1985 | 393 493 | 333 101 | 60 392 | 1.78 |
| 1981 | 407 056 | 346 336 | 60 720 | 1.86 | 1986 | 392 672 | 333 312 | 59 360 | 1.77 |
| 1982 | 407 048 | 344 590 | 62 458 | 1.84 | 1987 | 392 097 | 332 859 | 59 238 | 1.77 |
| 1983 | 406 977 | 343 978 | 62 999 | 1.83 | 1988 | 390 734 | 331 686 | 59 048 | 1.76 |

（续）

| 年　度 | 耕　地 | 旱　地 | 水浇地 | 人　均 | 年　度 | 耕　地 | 旱　地 | 水浇地 | 人　均 |
|---|---|---|---|---|---|---|---|---|---|
| 1989 | 390 504 | 331 266 | 59 238 | 1.76 | 2000 | 492 949 | 440 730 | 52 219 | 2.38 |
| 1990 | 388 030 | 328 792 | 59 238 | 1.74 | 2001 | 478 830 | 433 515 | 45 315 | 2.33 |
| 1991 | 387 843 | 328 415 | 59 428 | 1.74 | 2002 | 427 154 | 381 029 | 46 125 | 2.09 |
| 1992 | 387 712 | 327 884 | 59 828 | 1.74 | 2003 | 415 334 | 369 209 | 46 125 | 2.05 |
| 1993 | 386 901 | 327 664 | 59 273 | 1.77 | 2004 | 415 065 | 368 947 | 46 118 | 2.05 |
| 1994 | 387 255 | 326 530 | 60 725 | 1.78 | 2005 | 406 010 | 359 375 | 46 635 | 2.01 |
| 1995 | 386 989 | 325 114 | 61 875 | 1.79 | 2006 | — | — | — | — |
| 1996 | 338 649 | 295 943 | 42 706 | 1.58 | 2007 | — | — | — | — |
| 1997 | 564 604 | 529 654 | 34 950 | 2.48 | 2008 | — | — | — | — |
| 1998 | 507 688 | 472 738 | 34 950 | 2.42 | 2009 | 439 635 | — | — | 2.17 |
| 1999 | 506 327 | 471 377 | 34 950 | 2.45 | 2010 | 462 801 | — | — | 2.16 |

说明：耕地面积为年末数，人均耕地面积按农业人口平均，水浇地指有灌溉条件的耕地，旱地指无灌溉条件的耕地。

### 表1-7　昔阳县2001—2010年部分年度耕地分布

| 乡（镇） | 耕地（亩） | 年　度 | | | 乡（镇） | 耕地（亩） | 年　度 | | |
|---|---|---|---|---|---|---|---|---|---|
| | | 2001 | 2005 | 2010 | | | 2001 | 2005 | 2010 |
| 乐平镇 | 总量 | 67 880 | 60 272 | 57 321 | 大寨镇 | 总量 | 62 195 | 49 129 | 51 575 |
| | 旱地 | 53 680 | — | — | | 旱地 | 55 013 | — | — |
| | 可水浇地 | 14 200 | — | — | | 可水浇地 | 11 182 | — | — |
| | 人均耕地 | 1.67 | 0.8 | 0.7 | | 人均耕地 | 1.87 | 1.5 | 1.6 |
| 东冶头镇 | 总量 | 36 636 | 31 615 | 31 965 | 李家庄乡 | 总量 | 25 766 | 23 294 | 24 457 |
| | 旱地 | 35 222 | — | — | | 旱地 | 20 544 | — | — |
| | 可水浇地 | 1 414 | — | — | | 可水浇地 | 5 222 | — | — |
| | 人均耕地 | 2.54 | 2.3 | 2.4 | | 人均耕地 | 1.56 | 1.4 | 1.5 |
| 皋落镇 | 总量 | 29 764 | 29 774 | 41 928 | 三都乡 | 总量 | 25 036 | 22 107 | 19 491 |
| | 旱地 | 25 764 | — | — | | 旱地 | 22 569 | — | — |
| | 可水浇地 | 4 000 | — | — | | 可水浇地 | 2 467 | — | — |
| | 人均耕地 | 2.39 | 2.4 | 3.5 | | 人均耕地 | 2.46 | 2.2 | 2.0 |
| 沾尚镇 | 总量 | 48 486 | 34 801 | 37 915 | 阎庄乡 | 总量 | 31 293 | 27 397 | 39 284 |
| | 旱地 | 45 000 | — | — | | 旱地 | 24 549 | — | — |
| | 可水浇地 | 3 468 | — | — | | 可水浇地 | 6 744 | — | — |
| | 人均耕地 | 4.98 | 3.7 | 4.2 | | 人均耕地 | 3.25 | 2.9 | 4.3 |

（续）

| 乡(镇) | 耕地(亩) | 年度 | | | 乡(镇) | 耕地(亩) | 年度 | | |
|---|---|---|---|---|---|---|---|---|---|
| | | 2001 | 2005 | 2010 | | | 2001 | 2005 | 2010 |
| 赵壁乡 | 总量 | 74 260 | 68 574 | 87 496 | 西寨乡 | 总量 | 21 999 | 17 755 | 15 903 |
| | 旱地 | 75 440 | — | — | | 旱地 | 19 799 | — | — |
| | 可水浇地 | 2 320 | — | — | | 可水浇地 | 2 200 | — | — |
| | 人均耕地 | 2.93 | 2.8 | 3.6 | | 人均耕地 | 3.64 | 3.0 | 3.0 |
| 界都乡 | 总量 | 38 395 | 35 341 | 40 560 | 孔氏乡 | 总量 | 17 115 | 15 951 | 14 906 |
| | 旱地 | 37 665 | — | — | | 旱地 | 14 939 | — | — |
| | 可水浇地 | 730 | — | — | | 可水浇地 | 2 176 | — | — |
| | 人均耕地 | 2.60 | 2.5 | 3.0 | | 人均耕地 | 1.37 | 1.3 | 1.2 |

# 第三节　耕地利用与保养管理

## 一、主要耕作方式

1979 年以后，昔阳县的种植业在继续发扬精耕细作的基础上，大力引进先进的农业生产科学技术，促进增产增收。

**1. 推广应用作物新品种**　昔阳县十分注重作物品种的及时更新换代。20 世纪 80 年代引入玉米中单 2 号、大单 2 号、丹玉 13，谷子长农 12、晋中 202、晋谷 21，大豆威来姆斯、晋豆 808、铁峰 18、晋豆 24 等优良品种，1989 年后引进玉米农大 60、晋单 25、晋单 27、烟单 14、吉单 118 等 10 余个新品种。20 世纪 90 年代后期，这些品种退化严重，基本没有增产优势，于是又引进玉米农大 108、农大 3138、农大 1098、农大 9859、陕单 B，鲜糯玉米乐糯 1 号、谷子 1792、晋谷 29，大豆中黄 4 号、冀豆 7 号、翠扇大豆、中品 661 大豆、马铃薯克新 1 号、克新 2 号，油葵 G101，晋蓖麻 1 号，晋番茄 1 号，五叶齐大葱，温室 2 号黄瓜等优良品种

农大 108 玉米具有适应区域广，抽雄迟，灌浆快，丰产潜力大等特点。农大 3138 玉米具有综合性能好，抗病、丰产、稳产等特点。农大 1098 玉米具有抗病抗倒伏，根系发达，秸秆坚韧等综合性优良品质，尤其适宜宽窄垄种植。农大 9859 玉米具有穗大、增产潜力大等特点，尤其适宜本县温凉地带种植。玉米杂交种乐糯 1 号亩产鲜玉米可达 1 200 千克。晋单 29 号玉米亩产可达 650～700 千克。陕单 B 玉米亩产可达 600 千克左右。

2010 年，昔阳县以屯玉 42、富友 9 号、三北 6 号、登海 1 号、先玉 335、东单 80 等为主的玉米新品种覆盖率达到 100%。

谷子 1792 具有光合能力强，群体增产潜力大，节水耐旱，耐贫瘠等特点；米色金黄，香味浓郁，品质优良。晋谷 29 抗旱性强，生育期 115 天，比晋谷 21 早熟 5 天，白谷、黄米，品质优，适宜全县大部分地区种植，亩产 300 千克左右。晋谷 35 具有优质、高产、

抗病、抗旱、抗倒伏、优质、高产、稳产，适应范围广等优良特性。在2001年全国第四次优质米鉴评会上被评为一级优质小米。

中黄4号大豆具有亚有限结荚性，籽粒宜煮烂，口感香甜绵软，抗花叶病毒，抗倒伏等特点，属春播中熟品种，生长期130天左右，适宜本县大部分地区种植，一般亩产150千克左右。蛋白质含量40.5%，脂肪含量20.6%，极具市场优势。冀豆7号亩产可达150～200千克。翠扇大豆单株产量150～200克，亩产可达300多千克，且可年年做种使用。

马铃薯克新1号、克新2号属中熟品种，出苗至成熟95天左右，具有高抗坏腐病、耐旱等特点，一般亩产在1 500千克左右。

G101油葵是从美国引进的杂交一代油料品种，生长期100天，含油量49%，适宜昔阳县坡梁地及旱地种植，亩产可达300千克。晋蓖麻1号的特点是生长整齐，出穗集中，单株成穗多为3层，结果密集，亩产可达350千克。

晋番茄1号属中早熟抗病杂交一代新品种，为无限生长期型，具有坐果率高、果实大而红，不裂果，抗病性强，且耐储藏、耐运输，亩产可达7 000千克左右。

五叶齐大葱植株高大，叶管粗壮，不分蘖，具有耐旱、耐寒、耐热、耐涝，葱白嫩而肥大，食口性好等特点，亩产可达5 000千克以上。

温室2号黄瓜是温室大棚及嫁接专用新品种，具有高抗枯萎病、结成性强、节节有瓜、且瓜型长条等特点，亩产可达1万千克以上。

2010年，昔阳的新品种推广应用率达到98%。

**2. 推广地膜覆盖技术** 1983年引进地膜覆盖种植西瓜、蔬菜育秧新技术。1985年对粮食作物试验。1986年在气候较寒冷的皋落、白羊峪、西寨、沾尚4乡（镇）大面积推广，覆盖面积达3.45万亩，其中覆盖种植玉米面积2.66万亩。玉米地膜覆盖栽培技术具有明显的增湿、保墒、保肥、保全苗、抑制杂草生长、减少虫害，促进玉米生长发育、早熟、增产的作用。地膜覆盖技术主要有大田地膜覆盖、蔬菜小拱棚覆盖、秧苗覆盖和钢架日光节能温室4种。1990年蔬菜覆盖面积发展到1 600亩。

由于昔阳县县委、县政府的高度重视和政策上的扶持，调动了农民地膜玉米种植的积极性，使昔阳县地膜覆盖玉米种植面积逐年扩大。2008年全县地膜覆盖面积达到5万亩。2009年地膜覆盖玉米2.72万亩，其中，沾尚镇1.7万亩，西寨乡4 700亩，皋落镇3 500亩，赵壁乡2 000亩。2010年玉米地膜覆盖面积3万亩。

2002年地膜覆盖技术向谷子种植推广，尤其在高寒地区增产明显。谷子覆盖采用宽窄垄种植，选用0.007毫米厚、80厘米宽的微膜覆盖。谷子覆盖隔夜不隔响，盖早不盖迟，盖湿不盖干，盖肥不盖瘦，每覆盖1千克地膜可增产6千克粮食。

**3. 推广"一增四改"的玉米增产技术** 2007年以来，"一增四改"的玉米增产技术在全县得到推广。"一增"就是增加玉米种植密度，因地制宜将玉米新品种的密度适度增加200～300株/亩，达到3 000～3 200株。"四改"是改种耐密型高产品种，改套种为平播，改粗施肥为配方施肥，改人工种植为机械化作业，建立以合理密植为中心的玉米高产栽培技术体系。首先在赵壁、阎庄、皋落3个乡（镇）实施新品种种植面积10万亩进行示范，亩增产40～60千克。

**4. 推广旱地玉米免耕整秸秆半覆盖技术**    1994年9月10日昔阳县在皋落镇召开旱地玉米免耕秸秆半覆盖栽培技术现场会以后，旱地玉米免耕整秸秆半覆盖技术陆续在皋落、阎庄等半干旱玉米主产区得到推广，每年推广面积10万亩。试验结果表明：免耕覆盖比传统耕作增产13.5%～19.9%。免耕覆盖主要配套技术是：整秸秆半覆盖，每亩覆盖干秸秆500～1 000千克，化学除草，采用免耕覆盖播种机，免耕3～4年。免耕覆盖可提高土壤含水量1～4个百分点，提高水分利用率为0.13～0.5千克/（毫米·亩）；可增加土壤有机质和氮、钾含量；可改善土壤结构；可减少水土流失60%左右。覆盖后由于土壤温度下降，玉米前期生长慢后期生长快，生育期推迟，但后期地下、地上生长量均超过传统耕作；伏、秋干旱时叶片萎蔫和枯黄期推迟，每亩增产和节能省工可增加经济效益65～76元。

**5. 推广立体种植技术**    20世纪90年代中期，立体种植技术在西寨、沾尚、皋落、白羊峪等冷凉地区逐步推广。立体种植技术是传统套种、间作技术的延伸和提高。它是在单位面积耕地上，通过间套、复种等栽培手段，按照作物秸秆高矮、根系深浅、成熟早晚和喜阳耐阴等生长特性，把多种农作物合理配置在同一农田里，最大限度地利用光、水、土、热、肥等要素和劳动力资源，实现总体的高产、高效。主要有玉米—豆类或马铃薯组合、玉米—红小豆或绿豆组合等。每公顷收入可达1.3万～1.5万元。冶头镇葱窝村在科技人员的指导下实行立体种植，粮、菜、瓜套种，土地收益每亩达4 000元。

**6. 推广大棚蔬菜种植技术**    随着昔阳县大棚蔬菜种植面积的增加，大棚蔬菜种植技术逐步得到推广应用。主要技术有：园土消毒；选用适当品种，合理安排茬口，采用多茬种植、间作、立体种植等形式提高复播指数；在棚内加盖地膜或设置小拱棚，提高棚温；增施二氧化碳气肥；设置反光带，提高光照地温；喷施微量元素和稀土液；采用滴灌技术；使用植物生长调节剂，有效防止茄果类、豆类蔬菜落花、落果。

东冶头镇东固壁村建起日光节能蔬菜大棚后，聘请河北省蔬菜专家指导，进行"四位一体"水气配套生产。即棚内养猪，猪粪产生沼气，沼气燃烧产生二氧化碳，杀菌取代化肥农药，生产无公害蔬菜。可养猪500头，增收50余万元。

**7. 推广复合肥**    20世纪80年代末开始使用多元复合肥，如磷酸一铵、磷酸二铵、硝酸磷、叶面喷施硝酸钠、磷酸二氢钾、稀土微肥、叶肥等。

**8. 推广化肥深施技术**    1996年本县开始在1万亩耕地上推广化肥深施技术。化肥深施可减少化肥的损失和浪费，提高化肥利用率。碳酸氢铵、尿素深施地表6～10厘米的土层中，氮的利用率比表面撒施可分别由27%和37%提高到58%和50%。磷、钾等肥种深施还可以减少风蚀的损失，促进作物吸收和延长肥效，提高化肥利用率。化肥深施可避免对种子的伤害，促使根系发育，增强作物吸收养分、水分和抗旱能力，有利于植株生长，从而提高作物产量。在同样条件下，玉米深施化肥比地表撒施每公顷增产225～675千克，大豆每公顷可增产225～375千克，增产幅度平均为5%～15%。

**9. 推广植物生长剂**    赤霉素应用：赤霉素是20世纪末21世纪初农、林、园艺上使用极为广泛的一种植物生长调节剂，具有促进细胞伸长、叶片扩大、单性结实、果实生长，打破种子休眠期，改变雌雄花比例，影响开花，减少花、果脱落的功能。在大棚黄瓜上喷洒赤霉素，能促进植株生长，并使黄瓜细长美观。

2,4-D在蔬菜栽培中应用：2,4-D是一种植物生长素。用低浓度2,4-D涂抹黄瓜柱头，可形成无籽黄瓜；涂抹番茄柱头，可防止落花，促进果实膨大。

**10. 推广农业实用技术**　1996年以来，昔阳县重点推广的农业实用技术有：保护地栽培技术，每年推广应用5 000亩，其中地膜覆盖4.05万亩，主要在西寨、沾尚、皋落、白羊峪等寒凉地区推广；生物覆盖技术，1996年开始试验，以后每年推广10 000亩，主要在乐平、大寨、皋落、东冶头、李家庄等乡（镇）。病、虫、草、鼠害综合防治技术，1996年开始在2万亩耕地上试验，以后每年推广面积30万亩次。平衡施肥技术，1996年在1万亩耕地上试验，以后每年安排70个肥力动态监测点，进行取土化验，开出施肥处方，推广应用面积15万亩，其中测土配方施肥2万亩。2008年，测土配方施肥面积达到6万亩。无公害蔬菜生产技术，每年推广应用7 000亩，其中西寨乡6 000亩，沾尚镇1 000亩。高效立体种植技术，每年推广应用25 500亩，重点在东冶头、孔氏等乡（镇）实施。种植模式主要有粮—经、粮—菜、粮—粮等。2008年开始推广应用玉米苗枯病防治技术和谷子免间苗技术。

## 二、施肥状况

肥料是作物的粮食，施肥是保证农作物优质高产对营养物质需要的主要措施，也是提高土壤肥力和提供无公害土壤环境的有效手段。新中国成立以来，施肥状况随着时间的推移经历了一个从有机肥占主导地位过渡到无机肥占主导地位的演变过程。以有机肥为主的肥料供应体系，主要表现在1955年以前，有机肥占肥料施用量100%；20世纪60年代有机肥占肥料总投入的90%；70年代有机肥占肥料总投入的80%；80年代中期有机肥料占总投入的55%；90年代有机肥占肥料总投入的31%。20世纪70年代末80年代初，该县施用的化肥主要是氮肥和磷肥。氮肥主要有硝酸铵、尿素及少量的碳酸氢铵、硫酸铵。磷肥的种类主要是过磷酸钙、重过磷酸钙等，其主要成分是磷酸一钙，易溶于水，肥效较快。1981年施用化肥16 468吨，其中氮肥11 716吨，磷肥4 676吨，亩均施用化肥38千克。20世纪80年代末90年代初，元素复合肥进入本县，主要有磷酸一铵、磷酸二铵、硝酸磷、磷酸二氢钾等；90年代后期配方施肥得到推广，同时大力开展无公害绿色农产品种植，化肥施用量逐年减少。2000年施用化肥6 219吨，其中氮肥4 217吨，磷肥1 379吨，钾肥25吨，复合肥598吨，亩均施用化肥16.56千克，为1981年的43.6%。2010年施用化肥13 022吨，其中氮肥5 163吨，磷肥5 384吨，钾肥65吨，复合肥2 410吨。磷肥和复合肥的施用量逐年增加。近年来，玉米秸秆覆盖还田和测土配方施肥技术的实施促进了耕地地力回升和提高了作物增产潜力。随着农业生产的发展，秸秆覆盖还田和测土配方施肥技术的推广，2010年昔阳县耕地耕层土壤养分测定结果比1984年第二次全国土壤普查普遍提高。全县土壤有机质由原来12.3克/千克提高到16.27克/千克，提高了3.97克/千克，提高了32.2%；全氮由原来的0.71克/千克提高到0.91克/千克，提高了0.20克/千克，提高了28.2%；有效磷由原来的6.31毫克/千克提高到11.2毫克/千克，增加了4.89毫克/千克，增长77.5%；速效钾由原来的128.60毫克/千克提高到145毫克/千克，增加了16.4毫克/千克，增长12.8%。随着测土配方施肥技术的全面推广应用，土壤肥力将会不断提高。

## 三、耕地利用与保养管理简要回顾

1985—1995 年，根据全国第二次土壤普查结果，昔阳县划分了土壤利用改良区，根据不同土壤类型，不同土壤肥力和不同生产水平，提出了合理利用培肥措施，达到了培肥土壤目的。1995—2009 年，随着农业产业结构调整步伐加快，实施旱作农业项目、生态农业、农村沼气建设、玉米秸秆还田、地膜覆盖、耕地地力分等定级、旱作节水农业项目，特别是 2009 年，测土配方施肥项目的实施，使昔阳县施肥更合理。近几年来，县委、县政府大力加强退耕还林，有效改变了农业生产发展的大环境。今后，随着科学发展观的贯彻落实，环境保护力度将不断加大，农田环境将日益好转；同时政府加大对农业投入。通过一系列有效措施，昔阳县耕地生产正逐步向优质、高产、高效和安全迈进。

# 第二章 耕地地力调查与质量评价的内容和方法

施肥专家咨询系统，对耕地质量和测土配方施肥实行计算机网络管理，形成较为完善的测土配方施肥数据库，为农业增产、农业增效、农民增收提供科学决策依据，保证农业可持续发展。根据《全国耕地地力调查与质量评价技术规程》和《全国测土配方施肥技术规范》（以下简称《规程》和规范）的要求，通过肥料效应田间试验、样品采集与制备、田间基本情况调查、土壤与植株测试、肥料配方设计、配方肥料合理使用、效果反馈与评价、数据汇总、报告撰写等内容、方法与操作规程和耕地地力评价方法的工作过程，进行耕地地力调查和质量评价。这次调查和评价是基于4个方面进行的。一是通过耕地地力调查与评价，合理调整农业结构、满足市场对农产品多样化、优质化的要求以及经济发展的需要；二是全面了解耕地质量现状，为无公害农产品、绿色食品、有机食品生产提供科学依据，为人民提供健康安全食品；三是针对耕地土壤的障碍因子，提出中低产田改造、防止土壤退化及修复已污染土壤的意见和措施，提高耕地综合生产能力；四是通过调查，建立昔阳县耕地资源信息管理系统和测土配方。

## 第一节 工作准备

### 一、组织准备

为确保耕地地力评价工作圆满完成，昔阳县成立了测土配方施肥和耕地地力调查领导小组。组长由分管农业的县农业委员会的杜占生担任，副组长由县农业委员会主任王永军担任。成员有财政局、水利局、统计局、史志办、供销合作联社、国土资源局等单位负责人组成。领导小组的主要职责是：负责昔阳县范围内此项工作的组织协调、经费、人员及物质落实与监督。领导小组下设办公室，地点设在县农业委员会。办公室主任由县农业委员会主任王永军担任，相关业务站长为成员。办公室的主要职责是负责调查队伍的组织，技术培训，编写文字报告，建立属性数据库和耕地资源信息管理系统，制定昔阳县耕地地力评价实施方案并负责组建野外调查队。各乡（镇）也成立了相应机构，为搞好本地农田的采样与调查工作提供了有力的组织保障。

### 二、物质准备

根据《规程》和《规范》要求，进行了充分物质准备，先后配备了 GPS 定位仪、不锈钢土钻、计算机、钢卷尺、100 立方厘米环刀、土袋、可封口塑料袋、水样瓶、水样固定剂、化验药品、化验室仪器以及调查表格等。并在原来土壤化验室基础上，进行必要补充和维修，为全面调查和室内化验分析做好了充分物质准备。

## 三、技术准备

领导小组聘请山西省农业厅土壤肥料工作站、山西农业大学资源环境学院、晋中市农业局土壤肥料工作站及昔阳县土壤肥料工作站的有关专家，组成技术指导组，根据《规程》、《山西省耕地地力调查及质量评价实施方案》和《规范》，制定了《昔阳县测土配方施肥技术规范及耕地地力调查与质量评价技术规程》，并编写了技术培训教材。在采样调查前对采样调查人员进行认真、系统的技术培训。

## 四、资料准备

按照《规程》和《规范》要求，收集了昔阳县行政规划图、地形图、第二次土壤普查成果图、基本农田保护区划图、土地利用现状图、农田水利分区图等图件。收集了第二次土壤普查成果资料，基本农田保护区地块基本情况、基本农田保护区划统计资料，大气和水质量污染分布及排污资料，农田水利灌溉区域、面积及地块灌溉保证率，退耕还林规划，肥料、农药使用品种及数量、肥力动态监测等资料。

# 第二节　室内预研究

## 一、确定采样点位

### （一）布点与采样原则

为了使土壤调查所获取的信息具有一定的典型性和代表性，提高工作效率，节省人力和资金。采样点参考县级土壤图，做好采样规划设计，确定采样点位。实际采样时严禁随意变更采样点，若有变更须注明理由。在布点和采样时主要遵循了以下原则：一是布点具有广泛的代表性，同时兼顾均匀性。根据土壤类型、土地利用等因素，将采样区域划分为若干个采样单元，每个采样单元的土壤性状要尽可能均匀一致；二是耕地地力调查与污染调查（面源污染与点源污染）相结合，适当加大污染源点位密度；三是尽可能在全国第二次土壤普查时的剖面或农化样取样点上布点；四是采集的样品具有典型性，能代表其对应的评价单元最明显、最稳定、最典型的特征，尽量避免各种非调查因素的影响；五是所调查农户随机抽取，按照事先所确定采样地点寻找符合基本采样条件的农户进行，采样在符合要求的同一农户的同一地块内进行。

### （二）布点方法

按照《规程》和《规范》，结合昔阳县实际，将大田样点密度定为丘陵区、山区平均每200亩一个点位，实际布设大田样点3 500个。一是依据山西省第二次土壤普查土种归属表，把那些图斑面积过小的土种，适当合并至母质类型相同、质地相近、土体构型相似的土种，修改编绘出新的土种图；二是将归并后的土种图与基本农田保护区划图和土地利用现状图叠加，形成评价单元；三是根据评价单元的个数及相应面积，在样点总数的控制范围内，初步确定不同评价单元的采样点数；四是在评价单元中，根据图斑大小、种植制度、作物种类、产量水平等因素的不同，确定布点数量和点位，并在图上予以标注。点位尽可能选在第二次土壤普查时的典型剖面取样点或农化样品取样点上；五是不同评价单元的取样数量和点位确定后，按照土种、作物品种、产量水平等因素，分别统计其相应的取样数量。当某一因素点位数过少或过多时，再根据实际情况进行适当调整。

## 二、确定采样方法

### （一）大田土样采集方法

**1. 采样时间**　在大田作物收获后、秋播作物施肥前进行。按叠加图上确定的调查点位去野外采集样品。通过向农民实地了解当地的农业生产情况，确定最具代表性的同一农户的同一块田采样，田块面积均在 1 亩以上，并用 GPS 定位仪确定地理坐标和海拔高程，记录经纬度，精确到 0.1″。依此准确方位修正点位图上的点位位置。

**2. 调查、取样**　向已确定采样田块的户主，按农户地块调查表格的内容逐项进行调查并认真填写。调查严格遵循实事求是的原则，对那些说不清楚的农户，通过访问地力水平相当、位置基本一致的其他农户或对实物进行核对推算。采样主要采用"S"法，均匀随机采取 15～20 个采样点，充分混合后，四分法留取 1 千克组成一个土壤样品，并装入已准备好的土袋中。

**3. 采样工具**　主要采用不锈钢土钻，采样过程中努力保持土钻垂直，样点密度均匀，基本符合厚薄、宽窄、数量的均匀特征。

**4. 采样深度**　为 0～20 厘米耕作层土样。

**5. 采样记录**　填写两张标签，土袋内外各具 1 张，注明采样编号、采样地点、采样人、采样日期等。采样同时，填写大田采样点基本情况调查表和大田采样点农户调查表。

### （二）耕地质量调查土样采集方法

根据污染类型及面积大小，确定采样点布设方法。污水灌溉农田采用对角线布点法；固体废物污染农田或污染源附近农田采用棋盘或同心圆布点法；面积较小、地形平坦区域采用梅花布点法；面积较大、地势较复杂区域采用"S"布点法。每个样品一般由 20～25个采样点组成，面积大的适当增加采样点。采样深度一般为 0～20 厘米。采样同时，对采样地环境情况进行调查。

## 三、确定调查内容

根据《规范》要求，按照"测土配方施肥采样地块基本情况调查表"认真填写。这次调查的范围是基本农田保护区耕地和园地，包括蔬菜和其他经济作物田，调查内容主要有4 个方面：一是与耕地地力评价相关的耕地自然环境条件，农田基础设施建设水平和土壤理化性状，耕地土壤障碍因素和土壤退化原因等；二是与农产品品质相关的耕地土壤环境状况，如土壤的富营养化、养分不平衡与缺乏微量元素和土壤污染等；三是与农业结构调整密切相关的耕地土壤适宜性问题等；四是农户生产管理情况调查。

以上资料的获得，一是利用第二次土壤普查和土地利用详查等现有资料，通过收集整理而来；二是采用以点带面的调查方法，经过实地调查访问农户获得的；三是对所采集样品进行相关分析化验后取得；四是将所有有限的资料、农户生产管理情况调查资料、分析数据录入到计算机中，并经过矢量化处理形成数字化图件、插值，使每个地块均具有各种资料信息，来获取相关资料信息。这些资料和信息，对分析耕地地力评价与耕地质量评价结果及影响因素具有重要意义。如通过分析农户投入和生产管理对耕地地力土壤环境的影响，分析农民现阶段投入成本与耕地质量直接的关系，有利于提高成果的现实性，引起各级领导的关注。通过对每个地块资源的充实完善，可以从微观角度，对土、肥、气、热、水资源运行情况有更周密的了解，提出管理措施和对策，指导农民进行资源合理利用和分配。通过对全部信息资料的了解和掌握，可以宏观调控资源配置，合理调整农业产业结构，科学指导农业生产。

## 四、确定分析项目和方法

根据《规程》及《山西省耕地地力调查及质量评价实施方案》和《规范》规定，土壤质量调查样品检测项目有 pH、有机质、全氮、碱解氮、全磷、有效磷、全钾、速效钾、缓效钾、有效硫、阳离子交换量、有效铜、有效锌、有效铁、有效锰、水溶性硼和有效钼17 个项目；其分析方法均按全国统一规定的测定方法进行。

## 五、确定技术路线

昔阳县耕地地力调查与质量评价所采用的技术路线流程见图 2-1。

**1. 确定评价单元** 本次调查是基于 2009 年全国第二次土地调查成果进行，昔阳县土地利用总图斑数 23 303 个，耕地图斑 9 692 个，平均每个耕地图斑 45.2 亩。因此，本次评价将土地利用现状图耕地图斑作为基本评价单元，并将土壤图（1：50 000）与土地利用现状图（1：10 000）配准后，用土地利用现状图层提取土壤图层的信息。相似相近的评价单元至少采集一个土壤样品进行分析，在评价单元图上连接评价单元属性数据库，用计算机绘制各评价因子图。

**2. 确定评价因子** 根据全国、省级耕地地力评价指标体系并通过农科教专家论证来选择昔阳县县域耕地地力评价因子。

**3. 确定评价因子权重** 用模糊数学德尔菲法和层次分析法将评价因子标准数据化，并计算出每一评价因子的权重。

**4. 数据标准化** 选用隶属函数法和专家经验法等数据标准化方法，对评价指标进行数据标准化处理，对定性指标要进行数值化描述。

**5. 综合地力指数计算** 用各因子的地力指数累加得到每个评价单元的综合地力指数。

**6. 划分地力等级** 根据综合地力指数分布的累积频率曲线法或等距法，确定分级方

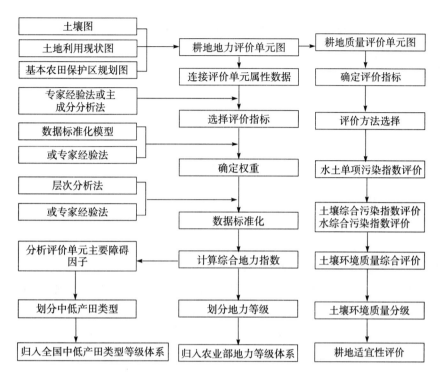

图 2-1 耕地地力调查与质量评价技术路线流程

案，并划分地力等级。

**7. 归入全国耕地地力等级体系** 依据《全国耕地类型区、耕地地力等级划分》（NY/T 309—1996），归纳整理各级耕地地力要素主要指标，结合专家经验，将各级耕地地力归入全国耕地地力等级体系。

**8. 划分中低产田类型** 依据《全国中低产田类型划分与改良技术规范》（NY/T 310—1996），分析评价单元耕地土壤主要障碍因素，划分并确定中低产田类型。

**9. 耕地质量评价** 用综合污染指数法评价耕地土壤环境质量。

# 第三节 野外调查及质量控制

## 一、调查方法

野外调查的重点是对取样点的立地条件、土壤属性、农田基础设施条件、农户栽培管理成本、收益及污染等情况全面了解、掌握。

**1. 室内确定采样位置** 技术指导组根据要求，在 1∶10 000 评价单元图上确定各类型采样点的采样位置，并在图上标注。

**2. 培训野外调查人员** 抽调技术素质高、责任心强的农业技术人员，尽可能抽调第二次土壤普查人员，经过为期 3 天的专业培训和野外实习，组成 6 支野外调查队，共 25

人参加野外调查。

**3. 根据规程和规范要求，严格取样** 各野外调查支队根据图标位置，在了解农户农业生产情况基础上，确定具有代表性田块和农户，用 GPS 定位仪进行定位，依据田块准确方位修正点位图上的点位位置。

**4.** 按照《规程》、省级实施方案要求规定和《规范》规定，填写调查表格，并将采集的样品统一编号，带回室内化验。

## 二、调查内容

**（一）基本情况调查项目**

**1. 采样地点和地块** 地址名称采用民政部门认可的正式名称。地块采用当地的通俗名称。

**2. 经纬度及海拔高度** 由 GPS 定位仪进行测定。

**3. 地形地貌** 以形态特征划分为五大地貌类型，即山地、丘陵、平原、高原及盆地。

**4. 地形部位** 指中小地貌单元。主要包括河漫滩、一级阶地、二级阶地、高阶地、坡地、梁地、垣地、峁地、山地、沟谷、洪积扇（上、中、下）、倾斜平原、河槽地、冲积平原。

**5. 坡度** 一般分为 $<2.0°$、$2.1°\sim5.0°$、$5.1°\sim8.0°$、$8.1°\sim15.0°$、$15.1°\sim25.0°$、$\geqslant25.0°$。

**6. 侵蚀情况** 按侵蚀种类和侵蚀程度记载，根据土壤侵蚀类型可划分为水蚀、风蚀、重力侵蚀、冻融侵蚀、混合侵蚀等；侵蚀程度通常分为无明显、轻度、中度、强度、极强度 5 级。

**7. 潜水深度** 指地下水深度，分为深位（3～5 米）、中位（2～3 米）、浅位（≤2 米）。

**8. 家庭人口及耕地面积** 指每个农户实有的人口数量和种植耕地面积（亩）。

**（二）土壤性状调查项目**

**1. 土壤名称** 统一按第二次土壤普查时的连续命名法填写，详细到土种。

**2. 土壤质地** 国际制；全部样品均需采用手摸测定；质地分为沙土、沙壤、壤土、黏壤、黏土 5 级。室内选取 10% 的样品采用比重计法（粒度分布仪法）测定。

**3. 质地构型** 指不同土层之间质地构造变化情况。一般可分为通体壤、通体黏、通体沙、黏夹沙、底沙、壤夹黏、多砾、少砾、夹砾、底砾、少姜、多姜等。

**4. 耕层厚度** 用铁锹垂直铲下去，用钢卷尺按实际进行测量确定。

**5. 障碍层次及深度** 主要指沙土、黏土、砾石、料姜等所发生的层位、层次及深度。

**6. 盐碱情况** 按盐碱类型划分为苏打盐化、硫酸盐盐化、氯化物盐化、混合盐化等。按盐化程度分为重度、中度、轻度等，碱化也分为轻、中、重度等。

**7. 土壤母质** 按成因类型分为保德红土、残积物、河流冲积物、洪积物、黄土状冲积物、离石黄土、马兰黄土等类型。

**（三）农田设施调查项目**

**1. 地面平整度**　按大范围地面坡度分为平整（＜2°）、基本平整（2°～5°）、不平整（＞5°）。

**2. 梯田化水平**　分为地面平坦、园田化水平高，地面基本平坦、园田化水平较高，高水平梯田，缓坡梯田，新修梯田，坡耕地 6 种类型。

**3. 田间输水方式**　管道、防渗渠道、土渠等。

**4. 灌溉方式**　分为漫灌、畦灌、沟灌、滴灌、喷灌、管灌等。

**5. 灌溉保证率**　分为充分满足、基本满足、一般满足、无灌溉条件 4 种情况或按灌溉保证率（％）计。

**6. 排涝能力**　分为强、中、弱 3 级。

**（四）生产性能与管理情况调查项目**

**1. 种植（轮作）制度**　分为一年一熟、一年两熟、两年三熟等。

**2. 作物（蔬菜）种类与产量**　指调查地块上年度主要种植作物及其平均产量。

**3. 耕翻方式及深度**　指翻耕、旋耕、耙地、耱地、中耕等。

**4. 秸秆还田情况**　分翻压还田、覆盖还田等。

**5. 设施类型棚龄或种菜年限**　分为薄膜覆盖、塑料拱棚、温室等，棚龄以正式投入算起。

**6. 上年度灌溉情况**　包括灌溉方式、灌溉次数、年灌水量、水源类型、灌溉费用等。

**7. 年度施肥情况**　包括有机肥、氮肥、磷肥、钾肥、复合（混）肥、微肥、叶面肥、微生物肥及其他肥料施用情况，有机肥要注明类型，化肥指纯养分。

**8. 上年度生产成本**　包括化肥、有机肥、农药、农膜、种子（种苗）、机械人工及其他。

**9. 上年度农药使用情况**　农药作用次数、品种、数量。

**10. 产品销售及收入情况。**

**11. 作物品种及种子来源。**

**12. 蔬菜效益**　指当年纯收益。

# 三、采样数量

在昔阳县 43.83 万亩的耕地上，共采集大田土壤样品 3 500 个。

# 四、采样控制

野外调查采样是本次调查评价的关键。既要考虑采样代表性、均匀性，也要考虑采样的典型性。根据昔阳县的区划划分特征及不同作物类型、不同地力水平的农田严格按照规程和规范要求均匀布点，并按图标布点实地核查后进行定点采样。在工矿周围农田质量调查方面，重点对使用工业水浇灌的农田以及大气污染较重的化工厂、陶清河流域下游等附近农田进行采样。整个采样过程严肃认真，达到了《规程》要求，保证了调查采样质量。

# 第四节 样品分析及质量控制

## 一、分析项目及方法

### （一）物理性状

土壤容重：采用环刀法测定。

### （二）化学性状

**土壤样品**

（1）pH：土液比 1：2.5，电位法测定。

（2）有机质：采用油浴加热重铬酸钾氧化容量法测定。

（3）全磷：采用氢氧化钠熔融——钼锑抗比色法测定。

（4）有效磷：采用碳酸氢钠或氟化铵—盐酸浸提——钼锑抗比色法测定。

（5）全钾：采用氢氧化钠熔融——火焰光度计或原子吸收分光光度计法测定。

（6）速效钾：采用乙酸铵浸提——火焰光度计或原子吸收分光光度计法测定。

（7）全氮：采用凯氏蒸馏法测定。

（8）碱解氮：采用碱解扩散法测定。

（9）缓效钾：采用硝酸提取——火焰光度法测定。

（10）有效铜、锌、铁、锰：采用 DTPA 提取——原子吸收光谱法测定。

（11）有效钼：采用草酸—草酸铵浸提——极谱法草酸—草酸铵提取、极谱法测定。

（12）水溶性硼：采用沸水浸提——甲亚胺—H 比色法或姜黄素比色法测定。

（13）有效硫：采用磷酸盐—乙酸或氯化钙浸提——硫酸钡比浊法测定。

（14）有效硅：采用柠檬酸浸提——硅钼蓝色比色法测定。

（15）交换性钙和镁：采用乙酸铵提取——原子吸收光谱法测定。

（16）阳离子交换量：EDTA—乙酸铵盐交换法采用法测定。

## 二、分析测试质量控制

分析测试质量主要包括野外调查取样后样品风干、处理与实验室分析化验质量，其质量的控制是调查评价的关键。

### （一）样品风干及处理

常规大田土壤样品，应及时放置在干燥、通风、卫生、无污染的室内风干，风干后送化验室处理。

将风干后的样品平铺在制样板上，用木棍或塑料棍碾压，并将植物残体、石块等侵入体和新生体剔除干净。细小已断的植物须根，可采用静电吸附的方法清除。压碎的土样用 2 毫米孔径筛过筛，未通过的土粒重新碾压，直至全部样品通过 2 毫米孔径筛为止。通过 2 毫米孔径筛的土样可供 pH、盐分、交换性能及有效养分等项目的测定。

将通过 2 毫米孔径筛的土样用四分法取出一部分继续碾磨，使之全部通过 0.25 毫米孔径筛，供有机质、全氮、碳酸钙等项目的测定。

用于微量元素分析的土样，其处理方法同一般化学分析样品，但在采样、风干、研磨、过筛、运输、储存等诸环节都要特别注意，不要接触容易造成样品污染的铁、铜等金属器具。采样、制样推荐使用不锈钢、木、竹或塑料工具，过筛使用尼龙网筛等。通过 2 毫米孔径尼龙筛的样品可用于测定土壤有效态微量元素。

将风干土样反复碾碎，用 2 毫米孔径筛过筛。留在筛上的碎石称量后保存，同时将过筛的土壤称重，计算石砾质量百分数。将通过 2 毫米孔径筛的土样混匀后盛于广口瓶内，用于颗粒分析及其他物理性质测定。若风干土样中有铁锰结核、石灰结核、铁子或半风化体，不能用木棍碾碎，应首先将其细心拣出称量保存，然后再进行碾碎。

**（二）实验室质量控制**

**1. 在测试前采取的主要措施**

（1）按《规程》要求制订了周密的采样方案，尽量减少采样误差（把采样作为分析检验的一部分）。

（2）正式开始分析前，对检验人员进行了为期 2 周的培训。对监测项目、监测方法、操作要点、注意事项一一进行培训，并进行了质量考核，为监验人员掌握了解项目分析技术、提高业务水平、减少误差等奠定了基础。

（3）收样登记制度：制定了收样登记制度，将收样时间、制样时间、处理方法与时间、分析时间一一登记，并在收样时确定样品统一编码、野外编码及标签等，从而确保了样品的真实性和整个过程的完整性。

（4）测试方法确认（尤其是同一项目有几种检测方法时）：根据实验室现有条件、要求规定及分析人员掌握情况等确立最终采取的分析方法。

（5）测试环境确认：为减少系统误差，对实验室温湿度、试剂、用水、器皿等一一检验，保证其符合测试条件。对有些相互干扰的项目分开实验室进行分析。

（6）检测用仪器设备及时进行计量检定，定期进行运行状况检查。

**2. 在检测中采取的主要措施**

（1）仪器使用实行登记制度，并及时对仪器设备进行检查维修和调整。

（2）严格执行项目分析标准或规程，确保测试结果准确性。

（3）坚持平行试验、必要的重显性试验，控制精密度，减少随机误差。

每个项目开始分析时每批样品均须做 100% 平行样品，结果稳定后，平行次数减少 50%，最少保证做 10%～15% 平行样品。每个化验人员都自行编入明码样做平行测定，质控员还编入 10% 密码样进行质量控制。

平行双样测定结果的误差在允许的范围之内为合格；平行双样测定全部不合格者，该批样品须重新测定；平行双样测定合格率＜95% 时，除对不合格的重新测定外，再增加 10%～20% 的平行测定率，直到总合格率达 95%。

（4）坚持带质控样进行测定：

①与标准样对照：分析中，每批次带标准样品 10%～20%，以测定的精密度合格的前提下，标准样测定值在标准保证值（95% 的置信水平）范围的为合格，否则本批结果无效，进行重新分析测定。

②加标回收法：对灌溉水样由于无标准物质或质控样品，采用加标回收试验来测定准确度。

加标率，在每批样品中，随机抽取 10%～20% 试样进行加标回收测定。

加标量，被测组分的总量不得超出方法的测定上限。加标浓度宜高，体积应小，不应超过原定试样体积的 1%。

加标回收率在 90%～110% 范围内的为合格。

$$回收率（\%）=\frac{测得总量-样品含量}{标准加入量}\times100$$

根据回收率大小，也可判断是否存在系统误差。

（5）注重空白试验：全程空白值是指用某一方法测定某物质时，除样品中不含该物质外，整个分析过程中引起的信号值或相应浓度值。它包含了试剂、蒸馏水中杂质带来的干扰，从待测试样的测定值中扣除，可消除上述因素带来的系统误差。如果空白值过高，则要找出原因，采取其他措施（如提纯试剂、更新试剂、更换容器等）加以消除。保证每批次样品做 2 个以上空白样，并在整个项目开始前按要求做全程序空白测定，每次做 2 个平行空白样，连测 5 天共得 10 个测定结果，计算批内标准偏差 $S_{ub}$

$$S_{ub}=\left[\sum(X_i-X_平)^2/m(n-1)\right]^{1/2}$$

式中：$n$——每天测定平均样个数；

$m$——测定天数。

（6）做好校准曲线：比色分析中标准系列保证设置 6 个以上浓度点。根据浓度和吸光值按一元线性回归方程 $Y=a+bX$ 计算其相关系数。

式中：$Y$——吸光度；

$X$——待测液浓度；

$a$——截距；

$b$——斜率。

要求标准曲线相关系数 $r\geq0.999$。

校准曲线控制：①每批样品皆需做校准曲线；②标准曲线力求 $r\geq0.999$，且有良好重现性；③大批量分析时每测 10～20 个样品要用一标准液校验，检查仪器状况；④待测液浓度超标时不能任意外推。

（7）用标准物质校核实验室的标准滴定溶液：标准物质的作用是校准。对测量过程中使用的基准纯、优级纯的试剂进行校验。校准合格才准用，确保量值准确。

（8）详细、如实记录测试过程，使检测条件可再现、检测数据可追溯。对测量过程中出现的异常情况也及时记录，及时查找原因。

（9）认真填写测试原始记录，测试记录做到：如实、准确、完整、清晰。记录的填写、更改均制定了相应制度和程序。当测试由一人读数一人记录时，记录人员复读多次所记的数字，减少误差发生。

**3. 检测后主要采取的技术措施**

（1）加强原始记录校核、审核，实行"三审三校"制度，对发现的问题及时研究、解决，或召开质量分析会，达成共识。

（2）运用质量控制图预防质量事故发生：对运用均值－极差控制图的判断，参照《质量专业理论与实名》中的判断准则。对控制样品进行多次重复测定，由所得结果计算出控制样的平均值 X 及标准差 S（或极差 R），就可绘制均值—标准差控制图（或均值－极差控制图），纵坐标为测定值，横坐标为获得数据的顺序。将均值 X 作成与横坐标平行的中心级 CL，X±3S 为上下警戒限 UCL 及 LCL，X±2S 为上下警戒限 UWL 及 LWL，在进行试样例行分析时，每批带入控制样，根据差异判异准则进行判断。如果在控制限之外，该批结果为全部错误结果，则必须查出原因，采取措施，加以消除，除"回控"后再重复测定，并控制不再出现，如果控制样的结果落在控制限和警戒限之间，说明精密度已不理想，应引起注意。

（3）控制检出限：检出限是指对某一特定的分析方法在给定的置信水平内，可以从样品中检测的待测物质的最小浓度或最小量。根据空白测定的批内标准偏差（$S_{wb}$）按下列公式计算检出限（95%的置信水平）。

①若试样一次测定值与零浓度试样一次测定值有显著性差异时，检出限（L）按下列公式计算：

$$L = 2 \times 2^{1/2} t_f S_{wb}$$

式中：L——方法检出限；

$t_f$——显著水平为 0.05（单侧）、自由度为 f 的 t 值；

$S_{wb}$——批内空白值标准偏差；

f——批内自由度，$f = m(n-1)$，m 为重复测定次数，n 为平行测定次数。

②原子吸收分析方法中检出限计算：$L = 3 S_{wb}$。

③分光光度法以扣除空白值后的吸光值为 0.010 相对应的浓度值为检出限。

（4）及时对异常情况处理：

①异常值的取舍：对检测数据中的异常值，按 GB 4883 标准规定采用 Grubbs 法或 Dixon 法加以判断处理。

②因外界干扰（如停电、停水），检测人员应终止检测，待排除干扰后重新检测，并记录干扰情况。当仪器出现故障时，故障排除后校准合格的，方可重新检测。

（5）使用计算机采集、处理、运算、记录、报告、存储检测数据时，应制定相应的控制程序。

（6）检验报告的编制、审核、签发：检验报告是实验工作的最终结果，是试验室的产品。因此，对检验报告质量要高度重视。检验报告应做到完整、准确、清晰、结论正确。必须坚持三级审核制度，明确制表、审核、签发的职责。

除此之外，为保证分析化验质量，提高实验室之间分析结果的可比性，山西省土壤肥料工作站抽查 5%～10%样品在省测试中心进行复核，并编制密码样，对实验室进行质量监督和控制。

**4. 技术交流** 在分析过程中，发现问题及时交流，改进方法，不断提高技术水平。

**5. 数据录入** 分析数据按规程和方案要求审核后编码整理，和采样点一一对照，确认无误后进行录入。采取双人录入相互对照的方法，保证录入正确率。

# 第五节　评价依据、方法及评价标准体系的建立

## 一、评价原则依据

**耕地地力评价**

经山西省农业厅土壤肥料工作站、山西农业大学资源环境学院、晋中市土壤肥料工作站以及昔阳县土壤肥料工作站专家评议，昔阳县确定了10个因子为耕地地力评价指标，分别为地形部位、成土母质、地面坡度、耕层厚度、耕层质地、有机质、pH、有效磷、速效钾、园田化水平、为耕地地力评价指标。

**1. 立地条件**　指耕地土壤的自然环境条件，它包含与耕地与质量直接相关的地貌类型及地形部位、成土母质、地面坡度等。

（1）地貌类型及其特征描述：昔阳县地处太行山低中山土石山区和温带、暖温带半干旱大陆性季风气候区。地势西高东低，平均海拔1 116米。地貌四界峰峦叠嶂，围成中部盆地。盆地内丘陵突起，沟壑纵横。山地丘陵面积约占94％，仅在河谷两岸有少量平川。

（2）昔阳县土壤母质以黄土为主，覆盖面积占50％～60％。黄土质地疏松多孔，无层理，直立性强，石灰质含量高，广泛分布在二级、三级阶地和沟壑上部。此外，各地零星分布着部分红土母质。昔阳县的土壤种类主要是褐土和草甸土。

（3）地面坡度：地面坡度反映水土流失程度，直接影响耕地地力，昔阳县将地面坡度小于25°的耕地依坡度大小分为6级（<2.0°、2.1°～5.0°、5.1°～8.0°、8.1°～15.0°、15.1°～25.0°、≥25.0°）进入耕地地力评价系统。

**2. 土壤属性**

（1）土体构型：指土壤剖面中不同土层间质地构造变化情况，直接反映土壤发育及障碍层次，影响根系发育、水肥保持及有效供给，包括有效土层厚度、耕作层厚度、质地构型3个因素。

①有效土层厚度。指土壤层和松散的母质层之和，按其厚度深浅从高到低依次分为6级（>150厘米、101～150厘米、76～100厘米、51～75厘米、26～50厘米、≤25厘米）进入耕地地力评价系统。

②耕层厚度：按其厚度深浅从高到低依次分为6级（>30厘米、26～30厘米、21～25厘米、16～20厘米、11～15厘米、≤10厘米）进入耕地地力评价系统。

③质地构型：耕地质地构型主要分为通体型（包括通体壤、通体黏、通体沙）、夹沙（包括壤夹沙、黏夹沙）、底沙、夹黏（包括壤夹黏、沙夹黏）、深黏、夹砾、底砾、通体少砾、通体多砾、通体少姜、浅姜、通体多姜等。

（2）耕层土壤理化性状：分为较稳定的理化性状（质地、有机质、pH）和易变化的化学性状（有效磷、速效钾）两大部分。

①质地：影响水肥保持及耕作性能。按卡庆斯基制的6级划分体系来描述，分别为沙土、沙壤、轻壤、中壤、重壤、黏土。

②有机质：土壤肥力的重要指标，直接影响耕地地力水平。按其含量从高到低依次分

为 5 级（＞25.00 克/千克、20.01～25.00 克/千克、15.01～20.00 克/千克、10.01～15.00 克/千克、＜10.00 克/千克）进入地力评价系统。

③pH：过大或过小，作物生长发育受抑。按照昔阳县耕地土壤的 pH 范围，按其测定值由低到高依次分为 4 级（＜6.9、7.0～7.5、7.6～8.0、＞8.0）进入地力评价系统。

④有效磷：按其含量从高到低依次分为 6 级（＞25.00 毫克/千克、20.1～25.00 毫克/千克、15.1～20.00 毫克/千克、10.1～15.00 毫克/千克、5.1～10.00 毫克/千克、≤5.00 毫克/千克）进入地力评价系统。

⑤速效钾：按其含量从高到低依次分为 6 级（＞250 毫克/千克、201～250 毫克/千克、151～200 毫克/千克、101～150 毫克/千克、70～100 毫克/千克、＜70 毫克/千克）进入地力评价系统。

**3. 农田基础设施条件**

（1）灌溉保证率：指降水不足时的有效补充程度，是提高作物产量的有效途径，分为充分满足，可随时灌溉；基本满足，在关键时期可保证灌溉；一般满足，大旱之年不能保证灌溉；无灌溉条件等 4 种情况。

（2）梯（园）田化水平：按园田化和梯田类型及其熟化程度分为地面平坦、园田化水平高，地面基本平坦、园田化水平较高，高水平梯田，缓坡梯田、熟化程度 5 年以上，新修梯田和坡耕地 6 种类型。

# 二、耕地地力评价方法及流程

## （一）技术方法

**1. 文字评述法**　对一些概念性的评价因子（如地形部位、土壤母质、质地构型、质地、梯田化水平、盐渍化程度等）进行定性描述。

**2. 专家经验法**（德尔菲法）　在山西省农科教系统邀请土肥界具有一定学术水平和农业生产实践经验的 25 名专家，参与评价因素的筛选和隶属度确定（包括概念型和数值型评价因子的评分），见表 2-1。

表 2-1　各评价因子专家打分意见

| 因　子 | 平均值 | 众数值 | 建议值 |
|---|---|---|---|
| 立地条件（$C_1$） | 1.6 | 1（15） | 1 |
| 土体构型（$C_2$） | 3.0 | 3（12）5（8） | 3 |
| 较稳定的理化性状（$C_3$） | 2.7 | 3（11）5（7） | 4 |
| 易变化的化学性状（$C_4$） | 2.8 | 5（10）3（7） | 5 |
| 农田基础建设（$C_5$） | 1.4 | 1（14） | 1 |
| 地形部位（$A_1$） | 1.9 | 1（17） | 1 |
| 成土母质（$A_2$） | 3.0 | 3（7）5（11） | 5 |
| 地面坡度（$A_3$） | 2.4 | 3（12）5（5） | 3 |
| 耕层厚度（$A_4$） | 1.8 | 3（12）1（8） | 3 |

（续）

| 因　子 | 平均值 | 众数值 | 建议值 |
|---|---|---|---|
| 耕层质地（A₅） | 1.3 | 1（8）5（5） | 1 |
| 有机质（A₆） | 1.2 | 1（10）3（7） | 3 |
| pH（A₇） | 3.2 | 3（8）7（8） | 5 |
| 有效磷（A₈） | 1.8 | 1（20） | 1 |
| 速效钾（A₉） | 2.04 | 3（13）1（6） | 3 |
| 园（梯）田化水平（A₁₀） | 3.60 | 5（11）7（5） | 5 |

**3. 模糊综合评判法**　应用这种数理统计的方法对数值型评价因子（如地面坡度、有效土层厚度、耕层厚度、有机质、有效磷、速效钾、酸碱度、灌溉保证率等）进行定量描述，即利用专家给出的评分（隶属度）建立某一评价因子的隶属函数，见表2-2。

**表2-2　昔阳县耕地地力评价数字型因子分级及其隶属度**

| 评价因子 | 量纲 | 一级 | 二级 | 三级 | 四级 | 五级 | 六级 |
|---|---|---|---|---|---|---|---|
| | | 量　值 | 量　值 | 量　值 | 量　值 | 量　值 | 量　值 |
| 地面坡度 | ° | <2.0 | 2.0～5.0 | 5.1～8.0 | 8.1～15.0 | 15.1～25.0 | ≥25 |
| 耕层厚度 | 厘米 | >30 | 26～30 | 21～25 | 16～20 | 11～15 | ≤10 |
| 有机质 | 克/千克 | >25.0 | 20.01～25.00 | 15.01～20.00 | 10.01～15.00 | ≤10 | — |
| pH | | <6.9 | 7.0～7.5 | 7.6～8.0 | >8.0 | — | — |
| 有效磷 | 毫克/千克 | >25.0 | 20.1～25.0 | 15.1～20.0 | 10.1～15.0 | 5.1～10.0 | ≤5.0 |
| 速效钾 | 毫克/千克 | >250 | 201～250 | 151～200 | 101～150 | 70～100 | <70 |

**4. 层次分析法**　用于计算各参评因子的组合权重。本次评价，把耕地生产性能（即耕地地力）作为目标层（G层），把影响耕地生产性能的立地条件、土体构型、较稳定的理化性状、易变化的化学性状、农田基础设施条件作为准则层（C层），再把影响准则层中的各因素的项目作为指标层（A层），建立耕地地力评价层次结构图。在此基础上，由专家分别对不同层次内各参评因素的重要性做出判断，构造出不同层次间的判断矩阵。最后计算出各评价因子的组合权重。

**5. 指数和法**　采用加权法计算耕地地力综合指数，即将各评价因子的组合权重与相应的因素等级分值（即由专家经验法或模糊综合评判法求得的隶属度）相乘后累加，如：

$$IFI = \sum B_i \times A_i (i = 1, 2, 3, \cdots, 15)$$

式中：$IFI$——耕地地力综合指数；

　　　$B_i$——第 $i$ 个评价因子的等级分值；

　　　$A_i$——第 $i$ 个评价因子的组合权重。

**（二）技术流程**

**1. 应用叠加法确定评价单元**　把基本农田保护区规划图与土地利用现状图、土壤图叠加形成的图斑作为评价单元。

**2. 空间数据与属性数据的连接**　用评价单元图分别与各个专题图叠加，为每一评价单元获取相应的属性数据。根据调查结果，提取属性数据进行补充。

**3. 确定评价指标**　根据全国耕地地力调查评价指数表，采用德尔菲法和模糊综合评判法确定昔阳县耕地地力评价因子及其隶属度。

**4.** 应用层次分析法确定各评价因子的组合权重。

**5. 数据标准化**　计算各评价因子的隶属函数，对各评价因子的隶属度数值进行标准化。

**6.** 应用累加法计算每个评价单元的耕地地力综合指数。

**7. 划分地力等级**　分析综合地力指数分布，确定耕地地力综合指数的分级方案，划分地力等级。

**8. 归入农业部地力等级体系**　选择 10% 的评价单元，调查近 3 年粮食单产（或用基础地理信息系统中已有资料），与以粮食作物产量为引导确定的耕地基础地力等级进行相关分析，找出两者之间的对应关系，将评价的地力等级归入农业部确定的等级体系（NY/T 309—1996　全国耕地类型区、耕地地力等级划分）。

**9.** 采用 GIS、GPS 系统编绘各种养分图和地力等级图等图件。

# 三、评价标准体系建立

**耕地地力评价标准体系建立**

**1. 耕地地力要素的层次结构**　见图 2-2。

**2. 耕地地力要素的隶属度。**

（1）概念性评价因子：各评价因子的隶属度及其描述见表 2-3。

（2）数值型评价因子：各评价因子的隶属函数（经验公式）见表 2-4。

**3. 耕地地力要素的组合权重**　应用层次分析法所计算的各评价因子的组合权重见表 2-5。

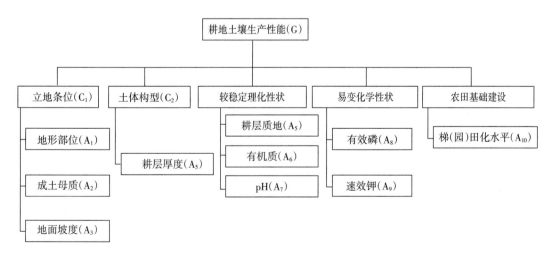

图 2-2　耕地地力要素层次结构图

**4. 耕地地力分级标准**　昔阳县耕地地力分级标准见表 2-6。

表 2-3　昔阳县耕地地力评价概念性因子隶属度及其描述

| 地形部位 | 描述 | 河流一级、二级阶地 | | 丘陵低山中、下部及坡麓平坦地 | | 山地、丘陵（中、下）部的缓坡地段 | | 沟谷、梁、峁、坡 | |
| --- | --- | --- | --- | --- | --- | --- | --- | --- | --- |
| | 隶属度 | 1.0 | | 0.8 | | 0.6 | | 0.2 | |
| 母质类型 | 描述 | 黄土母质 | | | 洪积物 | | | 坡积物 | |
| | 隶属度 | 0.9 | | | 0.2 | | | 0.3 | |
| 耕层质地 | 描述 | 沙壤 | | | | 轻壤 | | | |
| | 隶属度 | 0.6 | | | | 0.8 | | | |
| 梯（园）田化水平 | 描述 | 地面平坦园田化水平高 | 地面基本平坦园田化水平较高 | 高水平梯田 | | 缓坡梯田熟化程度5年以上 | | 新修梯田 | 坡耕地 |
| | 隶属度 | 1.0 | 0.8 | 0.6 | | 0.4 | | 0.2 | 0.1 |

表 2-4　昔阳县耕地地力评价数值型因子隶属函数

| 函数类型 | 评价因子 | 经验公式 | $C$ | $U_t$ |
| --- | --- | --- | --- | --- |
| 戒下型 | 地面坡度（°） | $y=1/[1+6.492\times10^{-3}\times(u-c)^2]$ | 3.0 | $\geqslant25$ |
| 戒上型 | 耕层厚度（厘米） | $y=1/[1+4.057\times10^{-3}\times(u-c)^2]$ | 33.8 | $\leqslant10$ |
| 戒上型 | 有机质（克/千克） | $y=1/[1+2.912\times10^{-3}\times(u-c)^2]$ | 28.4 | $\leqslant10.00$ |
| 戒下型 | pH | $y=1/[1+0.515\,6\times(u-c)^2]$ | 7.00 | $\geqslant8.0$ |
| 戒上型 | 有效磷（毫克/千克） | $y=1/[1+3.035\times10^{-3}\times(u-c)^2]$ | 28.8 | $\leqslant5.00$ |
| 戒上型 | 速效钾（毫克/千克） | $y=1/[1+5.389\times10^{-5}\times(u-c)^2]$ | 228.76 | $\leqslant70$ |

表 2-5　昔阳县耕地地力评价因子层次分析结果

| 指标层 | 准则层 | | | | | 组合权重 |
| --- | --- | --- | --- | --- | --- | --- |
| | $C_1$ | $C_2$ | $C_3$ | $C_4$ | $C_5$ | $\sum C_i A_i$ |
| | 0.423 9 | 0.071 4 | 0.129 0 | 0.123 4 | 0.252 3 | 1.000 0 |
| $A_1$ 地形部位 | 0.572 8 | — | — | — | — | 0.242 8 |
| $A_2$ 成土母质 | 0.167 5 | — | — | — | — | 0.071 1 |
| $A_3$ 地面坡度 | 0.259 7 | — | — | — | — | 0.110 1 |
| $A_4$ 耕层厚度 | — | 1.000 0 | — | — | — | 0.071 4 |
| $A_5$ 耕层质地 | — | — | 0.468 0 | — | — | 0.060 4 |
| $A_6$ 有机质 | — | — | 0.272 3 | — | — | 0.035 1 |
| $A_7$ pH | — | — | 0.259 7 | — | — | 0.033 5 |
| $A_8$ 有效磷 | — | — | — | 0.698 1 | — | 0.086 1 |
| $A_9$ 速效钾 | — | — | — | 0.301 9 | — | 0.037 2 |
| $A_{10}$ 园田化水平 | — | — | — | — | 1.000 0 | 0.252 3 |

表 2-6 昔阳县耕地地力等级标准

| 等级 | 生产能力综合指数 | 面积（亩） | 占面积（%） |
|---|---|---|---|
| 一 | ≥0.85 | 38 819.28 | 8.86 |
| 二 | 0.73～0.85 | 100 985.84 | 23.06 |
| 三 | 0.71～0.73 | 186 740.51 | 42.64 |
| 四 | 0.55～0.71 | 83 054.93 | 18.96 |
| 五 | 0.42～0.55 | 28 395.33 | 6.48 |

# 第六节 耕地资源管理信息系统建立

## 一、耕地资源管理信息系统的总体设计

**总体目标**

耕地资源信息系统以一个县行政区域内耕地资源为管理对象，应用 GIS 技术对辖区内的地形、地貌、土壤、土地利用、农田水利、土壤污染、农业生产基本情况、基本农田保护区等资料进行统一管理，构建耕地资源基础信息系统，并将此数据平台与各类管理模型结合，对辖区内的耕地资源进行系统的动态管理，为农业决策者、农民和农业技术人员提供耕地质量动态变化、土壤适宜性、施肥咨询、作物营养诊断等多方位的信息服务。

本系统行政单元为村，农田单元为基本农田保护块，土壤单元为土种，系统基本管理单元为土壤、基本农田保护块、土地利用现状叠加所形成的评价单元。

**1. 系统结构** 耕地资源管理信息系统结构见图 2-3。

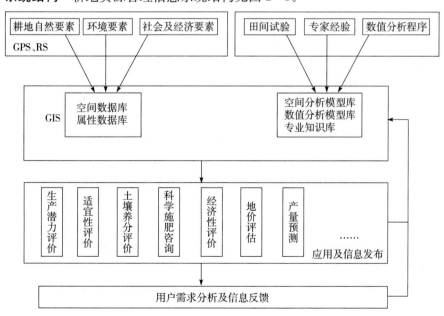

图 2-3 耕地资源管理信息系统结构

**2. 县域耕地资源管理信息系统建立工作流程**  见图 2 - 4。

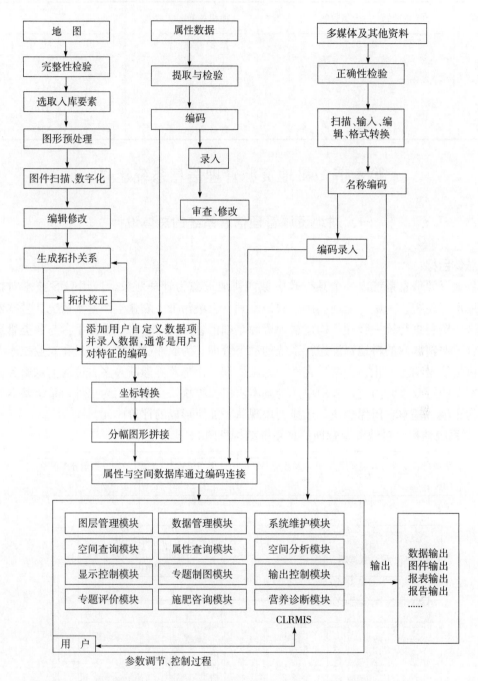

图 2 - 4  县域耕地资源管理信息系统建立工作流程

**3. CLRMIS、硬件配置**

（1）硬件：P5 及其兼容机，≥1G 的内存，≥20G 的硬盘，A4 扫描仪，彩色喷墨打印机。

（2）软件：Windows 2000/XP，Excel 2000/XP 等。

## 二、资料收集与整理

### （一）图件资料收集与整理

图件资料指印刷的各类地图、专题图及商品数字化矢量和栅格图。图件比例尺为 1：50 000 和 1：10 000。

（1）地形图：统一采用中国人民解放军总参谋部测绘局测绘的地形图。由于近年来公路、水系、地形地貌等变化较大，因此采用水利、公路、规划、国土等部门的有关最新图件资料对地形图进行修正。

（2）政区划图：由于近年撤乡并镇等工作致使部分地区行政区划变化较大，因此按最新行政区划进行修正，同时注意名称、拼音、编码等的一致。

（3）土壤图及土壤养分图：采用第二次土壤普查成果图。

（4）基本农田保护区现状图：采用国土局最新划定的基本农田保护区图。

（5）地貌类型分区图：根据地貌类型将辖区内农田分区，采用第二次土壤普查分类系统绘制成图。

（6）土地利用现状图：现有的土地利用现状图。

（7）土壤肥力监测点点位图：在地形图上标明准确位置及编号。

（8）土壤普查土壤采样点点位图：在地形图上标明准确位置及编号。

### （二）数据资料收集与整理

（1）基本农田保护区一级、二级地块登记表，国土局基本农田划定资料。

（2）其他有关基本农田保护区划定统计资料，国土局基本农田划定资料。

（3）近几年粮食单产、总产、种植面积统计资料（以村为单位）。

（4）其他农村及农业生产基本情况资料。

（5）历年土壤肥力监测点田间记载及化验结果资料。

（6）历年肥情点资料。

（7）县、乡、村名编码表。

（8）近几年土壤、植株化验资料（土壤普查、肥力普查等）。

（9）近几年主要粮食作物、主要品种产量构成资料。

（10）各乡历年化肥销售、使用情况。

（11）土壤志、土种志。

（12）特色农产品分布、数量资料。

（13）主要污染源调查情况统计表（地点、污染类型、方式、强度等）。

（14）当地农作物品种及特性资料，包括各个品种的全生育期、大田生产潜力、最佳播种期、移栽期、播种量、栽插密度、百千克籽粒需氮量、需磷量、需钾量等，及品种特性介绍。

（15）一元、二元、三元肥料肥效试验资料，计算不同地区、不同土壤、不同作物品种的肥料效应函数。

（16）不同土壤、不同作物基础地力产量占常规产量比例资料。

**（三）文本资料收集与整理**

（1）全县及各乡（镇）基本情况描述。

（2）各土种性状描述，包括其发生、发育、分布、生产性能、障碍因素等。

**（四）多媒体资料收集与整理**

（1）土壤典型剖面照片。

（2）土壤肥力监测点景观照片。

（3）当地典型景观照片。

（4）特色农产品介绍（文字、图片）。

（5）地方介绍资料（图片、录像、文字、音乐）。

# 三、属性数据库建立

## （一）属性数据内容

CLRMIS 主要属性资料及其来源见表 2-7。

表 2-7　CLRMIS 主要属性资料及其来源

| 编　号 | 名　　称 | 来　源 |
|---|---|---|
| 1 | 湖泊、面状河流属性表 | 水利局 |
| 2 | 堤坝、渠道、线状河流属性数据 | 水利局 |
| 3 | 交通道路属性数据 | 交通局 |
| 4 | 行政界线属性数据 | 农业局 |
| 5 | 耕地及蔬菜地灌溉水、回水分析结果数据 | 农业局 |
| 6 | 土地利用现状属性数据 | 国土局、卫星图片解译 |
| 7 | 土壤、植株样品分析化验结果数据表 | 本次调查资料 |
| 8 | 土壤名称编码表 | 土壤普查资料 |
| 9 | 土种属性数据表 | 土壤普查资料 |
| 10 | 基本农田保护块属性数据表 | 国土局 |
| 11 | 基本农田保护区基本情况数据表 | 国土局 |
| 12 | 地貌、气候属性表 | 土壤普查资料 |
| 13 | 县乡村名编码表 | 统计局 |

## （二）属性数据分类与编码

数据的分类编码是对数据资料进行有效管理的重要依据。编码的主要目的是节省计算机内存空间，便于用户理解使用。地理属性进入数据库之前进行编码是必要的，只有进行了正确的编码，空间数据库与属性数据库才能实现正确连接。编码格式有英文字母与数学组合。本系统主要采用数字表示的层次型分类编码体系，它能反映专题要素分类体系的基本特征。

### （三）建立编码字典

数据字典是数据库应用设计的重要内容，是描述数据库中各类数据及其组合的数据集合，也称元数据。地理数据库的数据字典主要用于描述属性数据，它本身是一个特殊用途的文件，在数据库整个生命周期里都起着重要的作用。它避免重复数据项的出现，并提供了查询数据的唯一入口。

### （四）数据库结构设计

属性数据库的建立与录入可独立于空间数据库和 GIS 系统，可以在 Access、dDase、Foxbase 和 Foxpro 下建立，最终统一以 dBase 的 dbf 格式保存入库。下面以 dBase 的 dbf 数据库为例进行描述。

**1. 湖泊、面状河流属性数据库 lake. dbf**

| 字段名 | 属　　性 | 数据类型 | 宽　度 | 小数位 | 量　纲 |
| --- | --- | --- | --- | --- | --- |
| Lacode | 水系代码 | N | 4 | 0 | 代　码 |
| Laname | 水系名称 | C | 20 | | |
| Lacontent | 湖泊贮水量 | N | 8 | 0 | 万立方米 |
| Laflux | 河流流量 | N | 6 | | 立方米/秒 |

**2. 堤坝、渠道、线状河流属性数据 stream. dbf**

| 字段名 | 属　　性 | 数据类型 | 宽　度 | 小数位 | 量　纲 |
| --- | --- | --- | --- | --- | --- |
| ricode | 水系代码 | N | 4 | 0 | 代　码 |
| riname | 水系名称 | C | 20 | | |
| riflux | 河流、渠道流量 | N | 6 | | 立方米/秒 |

**3. 交通道路属性数据库 traffic. dbf**

| 字段名 | 属　　性 | 数据类型 | 宽　度 | 小数位 | 量　纲 |
| --- | --- | --- | --- | --- | --- |
| rocode | 道路编码 | N | 4 | 0 | 代　码 |
| roname | 道路名称 | C | 20 | | |
| rograde | 道路等级 | C | 1 | | |
| rotype | 道路类型 | C | 1 | | （黑色/水泥/石子/土） |

**4. 行政界线**（省、市、县、乡、村）**属性数据库 boundary. dbf**

| 字段名 | 属　　性 | 数据类型 | 宽　度 | 小数位 | 量　纲 |
| --- | --- | --- | --- | --- | --- |
| adcode | 界线编码 | N | 1 | 0 | 代　码 |
| adname | 界线名称 | C | 4 | | |

| adcode | name |
| --- | --- |
| 1 | 国　界 |
| 2 | 省　界 |
| 3 | 市　界 |
| 4 | 县　界 |
| 5 | 乡　界 |
| 6 | 村　界 |

**5. 土地利用现状属性数据库\* landuse. dbf**

＊土地利用现状分类表。

| 字段名 | 属　性 | 数据类型 | 宽　度 | 小数位 | 量　纲 |
|---|---|---|---|---|---|
| lucode | 利用方式编码 | N | 2 | 0 | 代　码 |
| luname | 利用方式名称 | C | 10 | | |

## 6. 土种属性数据表 soil. dbf

＊土地系统分类表。

| 字段名 | 属　性 | 数据类型 | 宽　度 | 小数位 | 量　纲 |
|---|---|---|---|---|---|
| sgcode | 土种代码 | N | 4 | 0 | 代　码 |
| stname | 土类名称 | C | 10 | | |
| ssname | 亚类名称 | C | 20 | | |
| skname | 土属名称 | C | 20 | | |
| sgname | 土种名称 | C | 20 | | |
| pamaterial | 成土母质 | C | 50 | | |
| profile | 剖面构型 | C | 50 | | |

土种典型剖面有关属性数据：

| 字段名 | 属　性 | 数据类型 | 宽　度 | 小数位 | 量　纲 |
|---|---|---|---|---|---|
| text | 剖面照片文件名 | C | 40 | | |
| picture | 图片文件名 | C | 50 | | |
| html | HTML 文件名 | C | 50 | | |
| video | 录像文件名 | C | 40 | | |

## 7. 土壤养分（pH、有机质、氮等）属性数据库 nutr＊＊＊＊. dbf

本部分由一系列的数据库组成，视实际情况不同有所差异，如在盐碱土地区还包括盐分含量及离子组成等。

（1）pH 库 nutrpH. dbf：

| 字段名 | 属　性 | 数据类型 | 宽　度 | 小数位 | 量　纲 |
|---|---|---|---|---|---|
| code | 分级编码 | N | 4 | 0 | 代　码 |
| number | pH | N | 4 | 1 | |

（2）有机质库 nutrom. dbf：

| 字段名 | 属　性 | 数据类型 | 宽　度 | 小数位 | 量　纲 |
|---|---|---|---|---|---|
| code | 分级编码 | N | 4 | 0 | 代　码 |
| number | 有机质含量 | N | 5 | 2 | 百分含量 |

（3）全氮量库 nutrN. dbf：

| 字段名 | 属　性 | 数据类型 | 宽　度 | 小数位 | 量　纲 |
|---|---|---|---|---|---|
| code | 分级编码 | N | 4 | 0 | 代　码 |
| number | 全氮含量 | N | 5 | 3 | 百分含量 |

（4）速效养分库 nutrP. dbf：

| 字段名 | 属　性 | 数据类型 | 宽　度 | 小数位 | 量　纲 |
|---|---|---|---|---|---|
| code | 分级编码 | N | 4 | 0 | 代　码 |
| number | 速效养分含量 | N | 5 | 3 | 毫克/千克 |

**8. 基本农田保护块属性数据库 farmland. dbf**

| 字段名 | 属　性 | 数据类型 | 宽　度 | 小数位 | 量　纲 |
| --- | --- | --- | --- | --- | --- |
| plcode | 保护块编码 | N | 7 | 0 | 代　码 |
| plarea | 保护块面积 | N | 4 | 0 | 亩 |
| cuarea | 其中耕地面积 | N | 6 | | |
| eastto | 东　至 | C | 20 | | |
| westto | 西　至 | C | 20 | | |
| sorthto | 南　至 | C | 20 | | |
| northto | 北　至 | C | 20 | | |
| plperson | 保护责任人 | C | 6 | | |
| plgrad | 保护级别 | N | 1 | | |

**9. 地貌\*、气候属性 landform. dbf**

\* 地貌类型编码表。

| 字段名 | 属　性 | 数据类型 | 宽　度 | 小数位 | 量　纲 |
| --- | --- | --- | --- | --- | --- |
| landcode | 地貌类型编码 | N | 2 | 0 | 代　码 |
| landname | 地貌类型名称 | C | 10 | | |
| rain | 降水量 | C | 6 | | |

**10. 基本农田保护区基本情况数据表**（略）

**11. 县、乡（镇）、村名编码表**

| 字段名 | 属　性 | 数据类型 | 宽　度 | 小数位 | 量　纲 |
| --- | --- | --- | --- | --- | --- |
| vicodec | 单位编码-县内 | N | 5 | 0 | 代　码 |
| vicoden | 单位编码-统一 | N | 11 | | |
| viname | 单位名称 | C | 20 | | |
| vinamee | 名称拼音 | C | 30 | | |

**（五）数据录入与审核**

数据录入前仔细审核，数值型资料注意量纲、上下限，地名应注意汉字多音字、繁简体、简全称等问题，审核定稿后再录入。录入后仔细检查，保证数据录入无误后，将数据库转为规定的格式（dBase 的 dbf 文件格式文件），再根据数据字典中的文件名编码命名后保存在规定的子目录下。

文字资料以 TXT 格式命名保存，声音、音乐以 WAV 或 MID 文件保存，超文本以 HTML 格式保存，图片以 BMP 或 JPG 格式保存，视频以 AVI 或 MPG 格式保存，动画以 GIF 格式保存。这些文件分别保存在相应的子目录下，其相对路径和文件名录入相应的属性数据库中。

# 四、空间数据库建立

**（一）数据采集的工艺流程**

在耕地资源数据库建设中，数据采集的精度直接关系到现状数据库本身的精度和今后的应用，数据采集的工艺流程是关系到耕地资源信息管理系统数据库质量的重要基础工作。因此，对数据的采集制定了一个详尽的工艺流程。首先，对收集的资料进行分类检查、整理与预处理；其次，按照图件资料介质的类型进行扫描，并对扫描图件进行扫描校正；再次，进行数据的分层矢量化采集、矢量化数据的检查；最后，对矢量化数据进行坐标投影转换与数据拼接工作以及数据、图形的综合检查和数据的分层与格式转换。

具体数据采集的工艺流程见图 2-5。

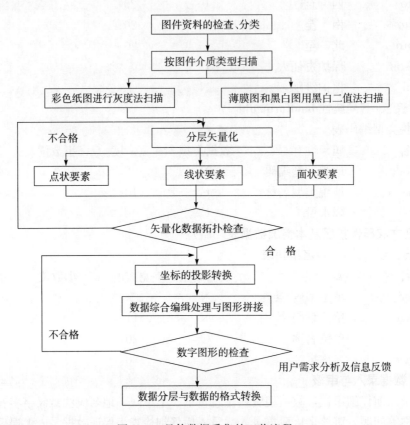

图 2-5  具体数据采集的工艺流程

## （二）图件数字

**1. 图件的扫描**  由于所收集的图件资料为纸介质的图件资料，所以采用灰度法进行扫描。扫描的精度为 300dpi。扫描完成后将文件保存为 *.TIF 格式。在扫描过程中，为了能够保证扫描图件的清晰度和精度，我们对图件先进行预见扫描。在预见扫描过程中，检查扫描图件的清晰度，其清晰度必须能够区分图内的各要素，然后利用 CongtexF-ss8300 扫描仪自带的 CADimaGe/scan 扫描软件进行角度校正，角度校正后必须保证图幅下方两个内图廓点的连线与水平线的角度误差小于 0.2°。

**2. 数据采集与分层矢量化**  对图形的数字化采用交互式矢量化方法，确保图形矢量化的精度，在耕地资源信息系统数据库建设中需要采集的要素有：点状要素、线状要素和面状要素。由于所采集的数据种类较多，所以必须对所采集的数据按不同类型进行分层采集。

（1）点状要素的采集：可以分为两种类型，一种是零星地类；另一种是注记点。零星地类包括一些有点位的点状零星地类和无点位的零星地类。对于有点位的零星地类，在数据的分层矢量化采集时，将点标记置于点状要素的几何中心点，对于无点位的零星地类在分层矢量化采集时，将点标记置于原始图件的定位点。农化点位、污染源点位等注记点的采集按照原始图件资料中的注记点，在矢量化过程中逐一标注相应的位置。

（2）线状要素的采集：在耕地资源图件资料上的线状要素主要有水系、道路、带有宽度的线状地物界、地类界、行政界线、权属界线、土种界、等高线等，对于不同类型的线状要素，进行分层采集。线状地物主要是指道路、水系、沟渠等，线状地物数据采集时考虑到有些线状地物，由于其宽度较宽，如一些较大的河流、沟渠，它们在地图上可以按照图件资料的宽度比例表示为一定的宽度，则按其实际宽度的比例在图上表示；有些线状地物，如一些道路和水系，由于其宽度不能在图上表示，在采集其数据时，则按栅格图上的线状地物的中轴线来确定其在图上的实际位置。对地类界、行政界、土种界和等高线数据的采集，保证其封闭性和连续性。线状要素按照其种类不同分层采集、分层保存，以备数据分析时进行利用。

（3）面状要素的采集：面状要素需在线状要素采集后，通过建立拓扑关系形成区后进行，由于面状要素是由行政界线、权属界线、地类界线和一些带有宽度的线状地物界等面状要素所形成的一系列的闭合性区域，其主要包括行政区、权属区、土壤类型区等图斑。所以对于不同的面状要素，因采用不同的图层对其进行数据的采集。考虑到实际情况，将面状要素分为行政区层、地类层、土壤层等图斑层。将分层采集的数据分层保存。

**（三）矢量化数据的拓扑检查**

由于在矢量化过程中不可避免地要存在一些问题，因此，在完成图形数据分层矢量化，要进行下一步工作时，必须对分层矢量化以后的数据进行矢量化数据的拓扑检查。主要是完成以下几方面的工作。

**1. 消除在矢量化过程中存在的一些悬挂线段**　在线状要素的采集过程中，为了保证线段完成闭合，某些线段可能出现互相交叉的情况，这些均属于悬挂线段。在进行悬挂线段的检查时，首先使用 MapGIS 的线文件拓扑检查功能，自动对其检查和清除。如果其不能自动清除的，则对照原始图件资料进行手工修正。对线状要素进行矢量化数据检查完成以后，随即由作图员对所矢量化的数据与原始图件资料相对比进行检查。如果在对检查过程中发现有一些通过拓扑检查所不能解决的问题，矢量化数据的精度不符合精度要求的，或者是某些线状要素存在一定的位移而难以校正的，则对其中的线状要素进行重新矢量化。

**2. 检查图斑和行政区等面状要素的闭合性**　图斑和行政区是反映一个地区耕地资源状况的重要属性。在对图件资料中的面状要素进行数据的分层矢量化采集中，由于图件资料中所涉及的图斑较多，在数据的矢量化采集过程中，有可能存在着一些图斑或行政界的不闭合情况，可以利用 MapGIS 的区文件拓扑检查功能，对在面状要素分层矢量化采集过程中所保存的一系列区文件进行矢量化数据的拓扑检查。在拓扑检查过程中可以消除大多数区文件的不闭合情况。对于不能自动消除的，通过与原始图件资料的相互检查，消除其不闭合情况。如果通过矢量化以后的区文件的拓扑检查，可以消除在矢量化过程中所出现的上述问题，则进行下一步工作，如果在拓扑检查以后还存在一些问题，则对其进行重新矢量化，以确保系统建设的精度。

### （四）坐标的投影转换与图件拼接

**1. 坐标转换**　在进行图件的分层矢量化采集过程中，所建立的图面坐标系（单位为毫米），而在实际应用中，则要求建立平面直角坐标系（单位为米）。因此，必须利用 MapGIS 所提供的坐标转换功能，将图面坐标转换成为正投影的大地直角坐标系。在坐标转换过程中，为了能够保证数据的精度，可根据提供数据源的图件精度的不同，在坐标转换过程中，采用不同的质量控制方法进行坐标转换工作。

**2. 投影转换**　县级土地利用现状数据库的数据投影方法采用高斯投影，也就是将进行坐标转换以后的图形资料，按照大地坐标系的经纬度坐标进行转换，以便以后进行图件拼接。在进行投影转换时，对 1∶10 000 土地利用图件资料，投影的分带宽度为 3°。但是根据地形的复杂程度，行政区的跨度和图幅的具体情况，对于部分图形采用非标准的 3°分带高斯投影。

**3. 图件拼接**　昔阳县提供的 1∶10 000 土地利用现状图是采用标准分幅图，在系统建设过程中应把图幅进行拼接，在图斑拼接检查过程中，相邻图幅间的同名要素误差应小于 1 毫米，这时移动其任何一个要素进行拼接，同名要素间距为 1～3 毫米的处理方法是将两个要素各自移动一半，在中间部分结合，这样图幅接拼完全满足了精度要求。

## 五、空间数据库与属性数据库的连接

MapGIS 系统采用不同的数据模型分别对属性数据和空间数据进行存储管理，属性数据采用关系模型，空间数据采用网状模型。两种数据的连接非常重要。在一个图幅工作单元 Coverage 中，每个图形单元由一个标识码来唯一确定。同时一个 Coverage 中可以若干个关系数据库文件即要素属性表，用以完成对 Coverage 的地理要素的属性描述。图形单元标识码是要素属性表中的一个关键字段，空间数据与属性数据以此字段形成关联，完成对地图的模拟。这种关联是 MapGIS 的两种模型联成一体，可以方便地从空间数据检索属性数据或者从属性数据检索空间数据。

对属性与空间数据的连接采用的方法是：在图件矢量化过程中，标记多边形标识点，建立多边形编码表，并运 MapGIS 将用 Foxpro 建立的属性数据库自动连接到图形单元中，这种方法可由多人同时进行工作，速度较快。

# 第三章 耕地土壤属性

## 第一节 耕地土壤类型

### 一、土壤类型及分布

#### （一）分布概况

昔阳县处于暖温带和温带，一般海拔为 1 000 米左右，地理坐标为北纬 37°21′～37°43′，东经 113°20′～114°08′。气候干燥且比较寒冷，年降水量平均为 624.1 毫米，历年平均气温为 9.3℃。全县境内地形复杂，河流交错，沟谷相间海拔相差很大。东南部白羊山最高，海拔为 1 833 米；西部沾岭山海拔为 1 698.8 米，而最低处的王寨仅为 550 米左右。在不同的气候、不同的地形等综合因素作用下，形成了不同的土壤组合。根据本次土壤普查，全县按土壤形成类型分为褐土和草甸土两大类型。

**1. 褐土** 褐土是昔阳县的地带性土壤，土性良好，耕作历史悠久，分布极广。全县褐土面积 255.05 万亩，占到总土壤面积的 98.1%，是昔阳县重工农业生产基地。褐土所处地区地势较高，地下水位较深，排水良好，成土过程不受地下水的影响。受东南季风影响较强，生物气候特点是干湿变化明显，夏秋多雨，冬春干旱，高温与雨季同季，有利于土壤中的岩基淋溶。在野外剖面观察中可看到具有不同程度的黏化层和钙积层，全剖面呈微碱性反应，碳酸钙含量较高，低者达 4%～5%，高者达 10% 以上。结构一般为块状，耕性通常良好，耕层有机质为 0.6%～2.0%，全氮为 0.1% 左右，作物主要为小麦、玉米、谷子等。

褐土由于海拔高度的差异，受不同地形及气候的影响，按其形成特征可分为淋溶褐土、草灌褐土、褐土性土等。其垂直分布规律如下：

在沾尚、西寨、乐平、大寨、赵壁、皋落、孔氏等乡（镇）的山坡上，分布有淋溶褐土。下限为草灌褐土，海拔高度由东往西逐渐增高，一般为 1 300～1 800 米。林木生长较佳，生长针叶和阔叶混交林，植被覆盖度较好，土体淋溶充分，具有明显的淋溶层，2～3 米处才出现钙积层。由于水分条件较好，土壤经常保持湿润，表层岩基被淋洗，呈不饱和状态，反应处于中性或微酸性。全剖面无石灰反应，底土可能因母质不同而呈石灰反应。

在海拔为 800～1 500 米处分布有草灌褐土，在淋溶褐土之下有时与淋溶褐土混杂，下限为褐土性土，植被组成多以耐旱、耐瘠薄的植物，如酸枣、黄刺玫、铁秆蒿、荆条等。覆被极不均匀，覆盖较好的地方，地表常有薄层的枯枝落叶层，有机质层厚度为 10 厘米左右，此土层有黏力移动现象，可见到极少数的假菌丝体。再下为半风化的母质层，呈微碱性反应。此类土壤大多为自然土壤，少部分被人为耕种利用。

在海拔为 700～1 200 米，分布有褐土性土。褐土性土一般都发育在覆盖较深厚的黄土及红色黄土母质上，疏松多孔，水土流失现状一般比较严重。目前，多为梯田或坡地种植，为全县的主要耕作土壤。大部自然生物已被农作物所代替，在形态上没有明显的发育特征或发育特征较弱。除了黏化层之外，一般层次过渡不明显，质地较轻，呈微碱性反应。由于地面径流大，地下水位深，故土地干旱。

**2. 草甸土** 在潇河和清障河沿岸，松溪河两侧一级阶地上，多呈带状分布有浅色草甸上，面积为 48 762 亩，占总土壤类型的 1.9%。

浅色草甸土在成土过程中，一是由于地面生长草甸草类植被，形成土壤有机质的积累；二是由于地下水位较浅，这些地区地下水水埋藏深度离地面 1.5～2.5 米，一般潜水流动较通畅，水质良好。因为土层下部受地下水浸润，直接参与土壤形成过程。地下水位在降水季节抬高，在干旱季节又下降，在湿润和干旱季节性交替的影响下水位上下移动，使底土处于氧化还原交替过程中。土壤中铁、锰化合物发生移动或局部淀积在土壤剖面中，出现锈纹锈斑。

浅色草甸土成土母质多为洪冲积物，有些由堆垫性黄土组成，一般质地差异较大，沉积物质错综复杂，层次明显。有机质含量为 0.7%～0.9%，全氮为 0.06%～0.04%，全磷 0.04%～0.05%，肥力一般中等，水分供应条件良好，是昔阳县较好的一种农田土壤。见图 3-1。

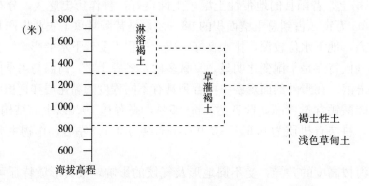

图 3-1 昔阳县土壤分布断面图

**（二）土壤分类系统**

该土壤分类以耕地土壤为主，对山地自然土壤要求精度适当。主要根据地形部位、母质种类、水热条件、质地层次、人为因素。针对农业生产状况，按"诊断层次"如料姜层、卵石层、黏化层、沙层等在 1 米土体内出现的层位、深度和土壤剖面的构型划分 2 个土类，4 个亚类，19 个土属，60 个土种。

在 60 个土种中，除了自然土种外，面积最大的是耕作壤体黄土质褐土性土（白土），面积为 178 805 亩；耕作壤体红黄土质褐土性土（红土），面积为 89 184 亩，这两种土占到全县总耕地面积 589 875 亩的 44.16%。其次是耕作壤体黄土质草灌褐土（白土），面积为 88 485 亩，耕作轻壤多料姜黄土质褐土性土（料姜白土），面积为 29 896 亩，耕作沙性砂页岩质草灌褐土（黄紫沙土），面积为 28 049 亩。此 3 种土占总耕地面积的 16.3%，其余土壤仅占耕地面积的 89.1%，见表 3-1。

## 表 3-1 昔阳县土壤分类检索简表

| 土 类 | 亚 类 | 代号 | 土 属 | 代号 | 土 种 | 面积（亩） |
|---|---|---|---|---|---|---|
| 褐土（2 551 446 亩），占各类型土壤总面积的98.1% | 淋溶褐土（233 109 亩），占总面积的8.96% | 一 | 砂页岩质淋溶褐土（84 234 亩），占3.2% | 1 | 薄体砂页储存岩质淋溶褐土 | 26 142 |
| | | | | 2 | 中体砂页储存岩质淋溶褐土 | 58 231 |
| | | 二 | 黄土质淋溶褐土（148 736 亩），占5.7% | 3 | 薄体黄土质淋溶褐土 | 14 261 |
| | | | | 4 | 中体薄体黄土质淋溶褐土 | 127 395 |
| | 草灌褐土（1 853 420 亩），占总面积的71.28% | 三 | 石灰岩质草灌褐土（499 199 亩），占19.2% | 5 | 厚体薄体黄土质淋溶褐土 | 7 080 |
| | | | | 6 | 薄体石灰岩质草灌褐土 | 471 815 |
| | | | | 7 | 中体薄体石灰岩质草灌褐土 | 20 304 |
| | | 四 | 耕作石灰岩质草灌褐土10 115 亩，占0.39% | 8 | （石渣土）耕作壤性多砾石石灰岩草灌褐土 | 8 029 |
| | | | | 9 | 耕作壤性石灰岩质草灌褐土 | 2 086 |
| | | 五 | 砂页岩底草灌土褐土（987 618 亩），占37.98% | 10 | 薄体砂页质草灌褐土 | 799 608 |
| | | | | 11 | 中体薄体沙质草灌褐土 | 188 010 |
| | | 六 | 耕作砂页岩质草灌褐土（32 859 亩），占1.26% | 12 | 耕作沙性砂页岩质草灌褐土 | 28 049 |
| | | | | 13 | 耕作壤性砂页岩质草灌褐土 | 173 |
| | | | | 14 | 耕作沙性多砾石砂页岩质草灌褐土 | 4 241 |
| | | | | 15 | 耕作壤性多砾石砂页岩质草灌褐土 | 396 |
| | | 七 | 黄土质草灌褐土（268 894 亩），占10.34% | 16 | 薄体黄土质草灌褐土 | 177 524 |
| | | | | 17 | 中体薄体黄土质草灌褐土 | 33 817 |
| | | | | 18 | 厚体薄体黄土质草灌褐土 | 51 231 |
| | | | | 19 | 轮荒壤体料姜黄土质草灌褐土 | 6 322 |
| | | 八 | 耕作黄土质灌褐土（45 915 亩），占1.77% | 20 | 耕作壤体黄土质草灌褐土（白土） | 38 435 |
| | | | | 21 | 耕作壤体料姜黄土质草灌褐土 | 105 |
| | | | | 22 | 耕作多砾黄土质草灌褐土 | 7 375 |
| | | 九 | 耕作红黄土质草灌褐土（8 820 亩），占0.34% | 23 | 耕作壤体红黄土质草灌褐土（红土） | 8 395 |
| | | | | 24 | 耕作壤体料姜红黄土质草灌褐土 | 40 |
| | | | | 25 | 耕作黏性红黄土质草灌褐土（红胶泥土） | 385 |
| | 褐土性土（464 917 亩），占总面积的17.88% | 十 | 沟淤草灌褐土（14 610 亩），占0.56% | 26 | 壤性沟淤灌褐土 | 10 022 |
| | | | | 27 | 壤性多砾沟淤草灌褐土 | 4 302 |
| | | | | 28 | 沙性沟淤草灌褐土 | 286 |

（续）

| 土 类 | 亚 类 | 代号 | 土 属 | 代号 | 土 种 | 面积（亩） |
|---|---|---|---|---|---|---|
| 褐土（2 551 446亩），占各类型土壤总面积的98.1% | 褐土性土（464 917亩），占总面积的17.88% | 十一 | 耕作黄土质褐土性土（立黄土）（218 073亩），占8.39% | 29 | 耕作壤体黄土质褐土性土（白土） | 173 805 |
| | | | | 30 | 耕作壤体初熟黄土质褐土性土（大白土） | 5 817 |
| | | | | 31 | 耕作壤体熟化黄土质褐土性土（肥白土） | 5 900 |
| | | | | 32 | 耕作轻壤多料姜黄土质褐土性土（料姜白土） | 29 396 |
| | | | | 33 | 耕作轻壤深位薄层料姜黄土质褐土性土（料姜白土） | 3 155 |
| | | 十二 | 耕作壤体红黄土质褐土（红立黄土）（125 267亩），占4.84% | 34 | 耕作壤体红黄土质褐土性土（红土） | 89 134 |
| | | | | 35 | 耕作壤性多料姜红黄土质褐土性土（料姜红土） | 26 660 |
| | | | | 36 | 耕作壤性浅位中层料姜红黄土质褐土性土 | 2 476 |
| | | | | 37 | 黏性红黄土质褐土性土（红胶泥土） | 7 497 |
| | | 十三 | 埋葬黑垆土型褐土性土（5 542亩），占0.21% | 38 | 轻壤质埋藏黑垆土型褐土性土（黑土） | 4 515 |
| | | | | 39 | 壤质浅位中厚层埋藏黑垆土型褐土性土 | 1 027 |
| | | 十四 | 沟淤褐土性土（沟淤土）（25 035亩），占0.96% | 40 | 沙质沟淤褐土性土（沟淤土） | 488 |
| | | | | 41 | 沙质多砾沟淤褐土性土（沟淤土） | 1 611 |
| | | | | 42 | 壤质沟淤褐土性土（沟淤土） | 22 235 |
| | | | | 43 | 壤质多砾沟淤褐土性土（沟淤土） | 701 |
| | | 十五 | 洪冲积褐土性土（32 519亩），占1.25% | 44 | 沙质洪冲积褐土性土（沙土） | 7 880 |
| | | | | 45 | 中位中层砾石沙质洪冲积褐土性土 | 1 114 |
| | | | | 46 | 壤质洪冲积褐土性土 | 11 884 |
| | | | | 47 | 浅位中沙层壤质洪冲积褐土性土 | 1 383 |
| | | | | 48 | 壤质中砾洪冲积褐土性土 | 3 134 |
| | | | | 49 | 壤质多砾洪冲积褐土性土 | 7 124 |
| | | 十六 | 堆垫褐土性土（43 371亩），占1.67% | 50 | 中厚体壤质堆垫褐土性土（堆垫土） | 26 067 |
| | | | | 51 | 壤质沙砾石底堆垫褐土性土（堆垫土） | 17 249 |
| | | | | 52 | 中位薄黏层人工淤灌褐土性土（淤土） | 55 |

（续）

| 土　类 | 亚　类 | 代号 | 土　属 | 代号 | 土　种 | 面积（亩） |
|---|---|---|---|---|---|---|
| 草甸土（48 762 亩），占各类型土壤总面积的1.88% | 色草甸土（48 762 亩），占总面积的1.88% | 十七 | 耕作浅色草甸土（潮土）（18 545 亩），占 0.7% | 53 | 耕作壤体浅色草甸土（潮土） | 11 610 |
| | | | | 54 | 耕作壤性浅位薄沙层浅色草甸土 | 480 |
| | | | | 55 | 耕作壤性浅位中沙层浅色草甸土 | 2 256 |
| | | | | 56 | 耕作壤性底潜育浅色草甸土（水稻土） | 1 115 |
| | | | | 57 | 耕作沙性浅色草甸土（河沙土） | 3 084 |
| | | 十八 | 堆垫浅色草甸土（27 950 亩），占 1.1% | 58 | 中厚体壤性堆垫浅色草甸土（堆垫土） | 10 538 |
| | | | | 59 | 壤性沙砾石底堆垫浅色草甸土 | 17 412 |
| | | 十九 | 盐化浅色草甸土（2 267 亩），占 0.08% | 60 | 耕作轻度硫酸盐型浅色草甸土（白毛碱土） | 2 267 |

## 二、各类土壤的形成与特征

**1. 砂页岩质淋溶褐土**　主要分布在西寨、沾尚、乐平、大寨等乡（镇）、海拔为1 300～1 700 米的山坡上，面积为 84 234 亩，占总土壤面积的 3.2%。自然植被覆盖较好，以针阔叶林为主，成土母质为砂页岩残积物。砂页岩质淋溶褐土的特征是：具有明显的淋溶层，钙积层出现的位置为 2～3 米。由于覆盖度较好，土壤经常保持湿润。表层有3～4 厘米的枯枝落叶层，下为 15 厘米左右的腐殖质层。屑粒状结构，质地是沙壤—沙，表土层为褐色，腐殖质之下是心土层，心土层为红棕色，底土是半风化的母岩，全剖面无石灰反应。根据土体构造及土层薄厚，可分为簿体砂页岩质淋溶褐土和中体砂页岩质淋溶褐土 2 个土种。

下面以阎家沟村 129 剖面为例说明砂页岩质淋溶褐土的形态特征。母质为砂页岩，海拔为 157.5 米的山坡，植被覆盖度达 90% 多为白草、菜树等。

0～3 厘米，为枯枝落叶层。

3～30 厘米，褐色，轻壤土，土壤疏松，中量孔隙，稍湿润，有多量植物根系，无石灰反应。

30 厘米以下，红棕色，沙壤土，屑粒状结构，土壤疏松，中孔隙，稍湿润，有多量植物根系，无石灰反应。

剖面形态特征如下：

0～10 厘米，灰褐色，质地中壤，团粒状结构，土壤疏松，中量孔隙，有多量植物根系，无石灰反应。

10～21 厘米，灰褐色，质地中壤，粒状结构，中量孔隙，植物根系多，无石灰反应。

21～31 厘米，灰褐色，质地中壤，粒状结构，中量孔隙，中量植物根系，无石灰反应。

31～47 厘米，灰棕色，质地重壤，块状结构，紧实，少孔隙，少量植物根系，无石灰反应。

方法：有机质采用油浴加热重铬酸钾氧化容量法；全氮采用凯氏蒸馏法。

全磷采用氢氧化钠熔融—钼锑抗比色法；代换量采用 EDTA—乙酸铵交换法。

黄土质淋溶褐土因土层薄，条件差不利农用，利用方向可发展林业生产与药材生产。

砂页岩质淋溶褐土，因植被覆盖良好，应加强现有林木护理和幼树抚育工作。并适当的发展优良牧草、药材，有利山区的经济发展。

**2. 黄土质淋溶褐土** 这类土壤主要分布在赵壁、阎庄、皋落、孔氏等乡（镇）海拔为 1 300～1 800 米的山地，面积为 148 736 亩，占总土壤面积的 5.7%。自然覆被较好，种类繁多，一般以针阔叶林为主。其成土母质为黄土，成土条件主要受淋溶作用影响，具有明显的淋溶层，2～3 米才出现钙积层。土壤经常保持湿润，表层盐基被淋洗，吸收复合体呈不饱和状态，反应趋于微酸性。表层有 3～4 厘米厚的、未风化的枯枝落叶层；下为 10～15 厘米的腐殖质层，为不稳定的团粒结构。心土层多为屑粒结构。表层颜色发灰，为灰黑色；心土层为灰褐—灰棕色，质地为轻—重壤，全剖面无石灰反应。根据土体厚薄，又分薄体黄土质淋溶褐土、中体黄土质淋溶褐土和厚体黄土质淋溶褐土 3 个土种。

典型剖面采自皋落镇白羊山，地形是白羊山顶，海拔 1 700 米，植被主要为菜树和松树。

**3. 石灰岩质草灌褐土** 广泛分布在乐平、大寨、李家庄、赵壁、阎庄、界都、三都、东冶头、孔氏等乡（镇）山坡上，海拔为 800～1 500 米，面积为 499 199 亩，占总土壤面积的 19.2%。自然植被以蒿类荆条为主，成土母质是石灰岩风化物的残积体。成土时间短，物理风化强烈，质地粗夹有砾石，分包严重，故土层厚薄不一。土厚的植被覆盖就好一些，土薄的植被覆盖就差。植被覆盖较好时，地表常有薄层的枯枝落叶层，腐殖质层厚度为 10 厘米左右，土质为沙壤，呈屑粒—块状结构。表层颜色为灰褐色，心土层为灰白色，全剖面呈微碱性反应。根据熟化程度，土层厚薄，侵蚀状况，分为薄体石灰岩质草灌褐土、中体石灰岩质草灌褐土 2 个土种。

典型剖面采自赵壁乡斜峪沟村的山顶平台上，海拔为 1 093.5 米，植被为次生针叶类和松树。剖面形态特征如下：

0～2 厘米，枯枝落叶层，屑粒状结构。

2～25 厘米，灰褐色，沙壤，疏松，多孔隙，土润，多量植物根系，石灰反应强烈。

25～55 厘米，灰白色，石灰岩碎块，紧实，少孔隙，稍润，无植物根系，石灰反应极剧烈。

**4. 耕作石灰岩质草灌褐土** 它主要分布在乐平、李家庄、界都、赵北、三都、皋落等公社的坡地。面积为 10 115 亩，占总土壤面积的 0.39%。成土母质为石灰岩残积物。自然植被已被农作物所代替，成土时间短，土质为沙偏轻，常夹有砾石，颜色为灰褐—灰色，结构为屑粒—块状，底土层为半风化的母质层，全剖面有石灰反应。根据表层质地和障碍因素，又分为耕作壤性多砾石灰岩质草灌褐土、耕作壤性石灰岩质草灌褐土 2 个土种。

典型剖面采自赵壁乡水深村 762 号剖面，地形为山坡，海拔为 1 119 米。母质为洪积，自然植被有白草和蒿类，有轻度侵蚀。种植玉米、谷子，保水保肥性差，亩产为 100～200 千克。剖面形态特征如下：

0～16 厘米，灰褐色，质地沙壤，块状，松散，孔隙多，稍润，植物根多，石灰反应极剧烈。

16～28 厘米，灰色，沙壤，块状，疏松中孔，稍润，少量植物根，石灰反应极剧烈。

28～50 厘米，浅灰色，沙壤，块状，疏松中孔隙，稍润，无植物根，石灰反应极剧烈。

分析结果见表 3-2、表 3-3。

表 3-2　皋落 15—04 剖面理化性状

| 层 次 （厘米） | 有机质 （克/千克） | C/N | 全 N （克/千克） | 全 P （克/千克） | CaCO₃ （克/千克） | pH | 质 地 | 粒 级 （%） | |
| --- | --- | --- | --- | --- | --- | --- | --- | --- | --- |
| | | | | | | | | <0.01 （毫米） | >0.01 （毫米） |
| 0～10 | 77.1 | 14 | 3.19 | 0.36 | 0.3 | 7 | 中　壤 | 34.6 | 65.4 |
| 0～21 | 63.0 | 13 | 2.89 | 0.38 | 0.43 | 6.4 | 中　壤 | 36.4 | 63.6 |
| 21～31 | 54.5 | 13 | 2.45 | 0.36 | 0 | 6.5 | 中　壤 | 40.4 | 59.6 |
| 31～47 | 32.2 | 13 | 1.46 | 0.21 | 0 | 6.8 | 重　壤 | 56.6 | 43.4 |

表 3-3　白羊峪 13—10 剖面理化性状

| 层 次 （厘米） | 有机质 （克/千克） | C/N | 全 N （克/千克） | 全 P （克/千克） | CaCO₃ （克/千克） | pH | 质 地 | 粒 级 （%） | |
| --- | --- | --- | --- | --- | --- | --- | --- | --- | --- |
| | | | | | | | | <0.01 （毫米） | >0.01 （毫米） |
| 0～16 | 14.5 | 1.1 | 0.76 | 0.41 | 640 | 8.1 | 沙　壤 | 19.6 | 80.4 |
| 16～28 | 6.2 | 8 | 0.45 | 0.26 | 680 | 8.3 | | 19.4 | 80.8 |
| 28～50 | 6.7 | 9 | 0.43 | 0.25 | 845 | 8.1 | | 18.6 | 81.4 |

该类土壤土层薄，质地较粗，保水保肥性能差，产量低。利用方向应平田整地，改良土壤，选用耐寒耐旱品种，可发展粮果间种形式以利提高经济收入。

**5. 砂页岩质草灌褐土**　在本县广泛分布，主要分布在大寨、李家庄、乐平、三都、西寨、沾尚、孔氏等乡（镇），海拔为 800～1 500 米山坡上，面积为 987 616 亩，占总土壤面积的 37.98%。自然植被以草灌为主，覆盖度极不均匀，侵蚀也较重，故土层厚薄不一。成土母质为砂页岩残积物，成土时间较短，物理风化强烈，质地粗，并含有砾石，一般为沙偏轻—沙壤。颜色为褐色—灰白色，结构为屑粒—块状，全剖面呈微碱性反应。根据熟化程度，土体厚薄，侵蚀状况，又分为薄体砂页岩质草灌褐土、中体砂页岩质草灌褐土 2 个土种。

典型剖面为孔氏乡 1042 号剖面，地形为孔氏乡孔氏村山坡洼地，海拔为 1 100 米。自然植被为橡树、榆树等，母质为残积，覆盖度 80%。剖面形态特征如下：

0～7 厘米，褐色，质地沙壤，屑粒结构，松散多孔隙，湿，植物根系多，无石灰反应。

7～20 厘米，灰褐色沙壤，屑粒结构，疏松多孔隙，湿，植物根系多，无石灰反应。

20～38 厘米，灰褐色，沙壤，块状结构，有中量石块，疏松中孔隙，潮湿，植物根系多，无石灰反应。

38～61 厘米，灰白色，紧实，有多量石块，松散多孔，潮湿，植物根系少。

61 厘米以下母岩，全剖面呈中性。

分析结果见表 3-4。

表 3-4　孔氏 19—5 剖面理化性状

| 层　次 (厘米) | 有机质 (克/千克) | C/N | 全 N (克/千克) | 全 P (克/千克) | CaCO₃ (克/千克) | pH | 质　地 | 粒　级（%） | |
| --- | --- | --- | --- | --- | --- | --- | --- | --- | --- |
| | | | | | | | | <0.01 (毫米) | >0.01 (毫米) |
| 0～7 | 35.5 | 12 | 1.67 | 0.33 | 0.6 | 7.4 | 沙　壤 | 19.6 | 80.4 |
| 7～20 | 19.5 | 10 | 1.12 | 0.26 | 0.77 | 6.8 | | 20.6 | 79.4 |
| 20～38 | 11.5 | 11 | 0.63 | 0.12 | 0.68 | 6.8 | | 15.8 | 84.2 |
| 38～61 | 4.5 | 8 | 0.33 | 0.39 | 0.9 | 7.0 | 紫沙 | 8.8 | 91.2 |

这类土因土层薄，质地粗，气候差，故不利农用。改良途径与石灰岩质草灌褐土基本相同。

**6. 耕作砂页岩质草灌褐土**　此类型土壤主要分布于乐平、大寨、三都、西寨、沾尚、孔氏等乡（镇）的坡地。面积为 32 859 亩，占总土壤面积的 1.26%。自然植被已被农作物所代替，母质为砂页岩残积物。成土时间短，土体内含有砾石，质地为轻，颜色为灰褐—褐棕，全剖面呈中性反应。根据表层质地，障碍因素，又分为耕作沙性砂页岩质草灌褐土、耕作沙性多砾石砂页岩质草灌褐土；耕作壤性砂页岩质草灌褐土、耕作壤性多砾石砂页岩质草灌褐土 4 个土种。

以西寨乡山烈村 405 剖面为典型剖面，地形为山坡，海拔为 1 458.1 米。坡积母质，自然植被为白草、蒿类，中度侵蚀，土体内含砾石，玉米与谷子隔年轮作。产量为玉米 225 千克/亩，谷子 140 千克/亩。剖面形态特征如下：

0～19 厘米，灰褐色，轻壤，屑粒结构，疏松，多孔隙，稍润，植物根系多，无石灰反应，含少量石渣。

19～32 厘米，灰棕色，轻壤，块状结构，紧实，孔隙少，稍润湿，中量根系，含中量石渣。

32～62 厘米，褐棕色，轻壤，块状结构，紧实，中孔隙，润，少量根系，无石灰反应，含多量石渣。

62 厘米以下，褐棕色，石渣。

分析结果见表 3-5。

表 3-5　西寨 008—27　剖面理化性状

| 层　次 (厘米) | 有机质 (克/千克) | C/N | 全 N (克/千克) | 全 P (克/千克) | CaCO₃ (克/千克) | pH | 质　地 | 粒　级（%） | |
| --- | --- | --- | --- | --- | --- | --- | --- | --- | --- |
| | | | | | | | | <0.01 (毫米) | >0.01 (毫米) |
| 0～19 | 15.1 | 9 | 0.93 | 0.55 | 0.75 | 6.3 | 轻　壤 | 22.4 | 77.6 |
| 19～32 | 14.0 | 9 | 0.87 | 0.40 | 0.83 | 6.6 | | 23.4 | 76.6 |
| 32～62 | 8.4 | 9 | 0.60 | 0.45 | 1.0 | 7.4 | | 28.4 | 71.6 |

这类土壤因土层薄，水肥差，故种植作物选择性较强，利用方向是改良土壤，拣出石渣，增施氮肥、磷肥，促进土壤熟化。实行粮、果间作，增加经济收入。

**7. 黄土质草灌褐土**　主要分布在乐平、大寨、赵壁、阎庄、三都、皋落、东冶头等乡（镇）山坡疙梁上。面积为 268 894 亩，占总土壤面积的 10.34％。自然植被以白草、蒿类为主。成土母质为黄土和不同侵蚀作用的残积物。成土时间长，表层质地为沙偏轻壤，心土层为中—重壤，结构呈屑粒—块状，底土层为半风化的母质层。土层厚度随侵蚀作用强度不同而异，是一种农用极少的山地土壤，全剖面无石灰反应。根据发育程度，侵蚀状况，土体构型，分为薄体黄土质草灌褐土、中体黄土质草灌褐土、厚体黄土质草灌褐土和轮荒黄土质草灌褐土 4 个土种。

典型剖面是赵壁乡东寨村 578 剖面，地形是山地，海拔为 1 035 米。母质是黄土，自然植被是菜树、荆条、酸枣等。剖面形态特征如下：

0～2 厘米，枯枝落叶层。

2～12 厘米，褐色，沙壤，屑粒状结构，疏松多孔，稍干，植物根系多，石灰反应明显。

12～62 厘米，灰褐色，中壤，块状结构，紧实，少孔隙，稍干，中量根系，石灰反应强烈。

62～72 厘米，红棕色，质地为重壤，块状结构，紧实，少孔隙，稍干，中量根系，石灰反应较强烈。

72 厘米以下，母岩。

分析结果见表 3-6。

**表 3-6　凤居面 11—07 剖面理化性状**

| 层　次<br>（厘米） | 有机质<br>（克/千克） | C/N | 全 N<br>（克/千克） | 全 P<br>（克/千克） | CaCO₃<br>（克/千克） | pH | 质　地 | 粒　级（％） | |
|---|---|---|---|---|---|---|---|---|---|
| | | | | | | | | <0.01<br>（毫米） | >0.01<br>（毫米） |
| 0～2 | 枯枝落叶 | | | | | | | | |
| 2～12 | 84.2 | 15 | 8.81 | 0.46 | 45 | 7.9 | 沙　壤 | 18.6 | 81.4 |
| 12～62 | 16.9 | 11 | 0.98 | 0.39 | 188 | 8.2 | 中　壤 | 88.6 | 66.4 |
| 63～72 | 8.4 | 10 | 4.9 | 0.215 | 100 | 8.2 | 重　壤 | 58.8 | 46.2 |

该类土壤因受侵蚀严重，土层厚薄不匀，条件差，农用较少。

今后应根据土壤厚薄合理利用。土层薄的可挖鱼鳞坑、截水沟，防止水土流失，发展野生牧草和进行人工育草。土层厚的要进行植树造林，增加地面覆盖，减少蒸发、径流和侵蚀，充分利用山地土壤资源。

**8. 耕作黄土质草灌褐土**　主要分布于大寨、西寨、沾尚、东冶头、李家庄、阎庄等乡（镇），气候较寒冷的山坡地。面积为 45 915 亩，占总土壤面积的 1.77％。自然植被已被农作物所代替，成土母质为黄土。成土时间较长，质地为轻壤—中壤。土体中含有不同程度的料姜、砾石等，表层颜色为浅灰色，心土层为浅灰棕色，呈块状结构有黏粒移动现象。在 60 厘米以下，有假菌丝体，全剖面有石灰反应。根据发育程度、障碍因素、类别等程度不同，又分为耕作壤体黄土质草灌褐土壤体、耕作壤体多料姜黄土质草灌褐土和耕作多砾黄土质草灌褐土 3 个土种。

典型剖面采自沾尚镇苗家庄村 374 剖面，地形为梁地，海拔为 1 300 米。自然植被是次生针叶类等，轻度侵蚀。农业利用方式为谷—莜麦—豆类。亩产 40～60 千克。剖面形态特征如下：

0～20 厘米，浅灰褐色，质地中壤，块状结构，较松，多孔隙，较干，植物根系多，石灰反应强烈。

20～60 厘米，浅灰棕色，质地中壤，棱状结构，稍紧，中孔隙，潮湿，植物根系较少，石灰反应强烈。

60～l00 厘米，浅灰棕色，质地中壤，棱状结构，稍紧，孔隙较少，潮湿，呈蜂窝状，极少植物根系，石灰反应强烈。

100～140 厘米，浅灰褐色，中壤，棱状结构，稍紧，孔隙稍多，潮湿，蜂窝状，无植物根系，石灰反应强烈.

分析结果：这类型土壤，因受气候条件的影响，土体中常含有不同数量的料姜或砾石，土体构造较松散，对种植作物选择性较强。保水、保肥、供肥性差，耕作管理也差，肥劲短而不足，水土流失较严重，产量水平低。利用方向主要是加强整修和管理工作，进行深翻，打破犁底层，拣去砾石料姜，增施有机肥料和氮、磷化肥，加速土壤熟化，选种耐寒、耐旱优质品种，提高单位产量水平。

**9. 耕作红黄土质草灌褐土**  主要分布于大寨、西寨、沾尚等乡（镇）的高寒坡地。面积为 8 820 亩，占总土壤面积的 0.34%。自然植被已被农作物所代替，成土母质为老黄土，成土时间较长，土质为中壤—重壤，颜色是灰棕—红棕，块状结构，心土中有黏粒移动现象，可见中数量假菌丝体。一般保水保肥性能较好，通透性较差，雨后板结，不易耕作，全剖面呈中性反映。根据熟化程度和土壤质地，分为耕作壤体红黄土质草灌褐土、耕作壤体料姜红黄土质草灌褐土和耕作黏性红黄土质草灌褐土 3 个土种。

典型剖面采自西寨乡司家沟村，地形为坡地，海拔为 1 417 米。自然植被有蒿类、白草等。弱度沟蚀，农作物利用方式为玉米—谷子轮作，一般亩施农家肥 1 500 千克，氮肥 15 千克，谷子亩产 65 千克，玉米亩产 100 千克。剖面形态特征如下：

0～20 厘米，颜色灰棕，质地中壤，块状结构，疏松中孔隙，潮润，植物根多，无石灰反应。

20～37 厘米,灰棕色,中壤,块状结构,紧实,少孔隙,潮润,中量植物根系,无石灰反应。

37～53 厘米，灰棕色，中壤，块状结构，紧实，小孔隙，潮润，植物根系少，无石灰反应。

53～100 厘米，红棕色，重壤，块状结构，坚实，孔隙少，潮湿，无石灰反应。

分析结果见表 3 - 7。

**表 3 - 7  西寨 08—22 剖面理化性状**

| 层　次<br>（厘米） | 有机质<br>（克/千克） | C/N | 全 N<br>（克/千克） | 全 P<br>（克/千克） | CaCO₃<br>（克/千克） | pH | 质　地 | 粒　级（%） | |
|---|---|---|---|---|---|---|---|---|---|
| | | | | | | | | <0.01<br>（毫米） | >0.01<br>（毫米） |
| 0～19 | 15.1 | 9 | 0.93 | 0.55 | 0.75 | 6.3 | 轻　壤 | 22.4 | 77.6 |
| 19～32 | 14.0 | 9 | 0.87 | 0.40 | 0.83 | 6.6 | | 23.4 | 76.6 |
| 32～62 | 8.4 | 9 | 0.60 | 0.45 | 1.0 | 7.4 | | 28.4 | 71.6 |

该类型土壤保水性能较好，质地较紧实，通透性较差。利用方向应以改善物理性状提高土壤肥力为主。采用多施有机肥料，适当掺混沙土、白土，适时耕锄等耕作措施。可种谷子、豆类等作物。

**10. 沟淤草灌褐土**　主要分布于大寨、赵北、界都、皋落、西寨、沾尚、孔氏等乡（镇）。面积为 14 610 亩，占总土壤面积的 0.56%。自然植被已被农作物所代替，成土母质为枯枝落叶和混杂淤积物。土体内含有不同程度的砾石，质地为中壤. 表层颜色为浅灰棕，心土层呈褐色—灰黑色，底土层为灰黑色：结构为块状和棱状，有黏粒移动现象，可见到假菌丝体，全剖面呈微碱性反应。根据土壤质地、障碍因素，又分为壤性沟淤草灌褐土、壤性多砾沟淤草灌褐土和沙性沟淤草灌褐土 3 个土种。

典型剖面采自赵壁乡西石龛村 575 剖面，地形为沟地。母质为黄土，洪水淤积而成，自然植被为白草、蒿类等。目前种玉米、谷子，施肥情况农家肥每亩 5 000 千克，氮肥 20 千克，磷肥 20 千克，亩产为 100～150 千克，剖面形态特征如下：

0～24 厘米，浅灰棕色，质地中壤，块状结构，疏松，多孔隙，土润，有少量假菌丝体，植物根系多，石灰反应较明显。

24～31 厘米，褐色，质地中壤，棱状结构，较紧实，孔隙少，土潮，有多数假菌丝体，植物根系少，微弱石灰反应。

31～81 厘米，灰黑色，质地中壤，棱状结构，较紧实，孔隙少，潮湿，少数假菌丝体，少量植物根系，微弱石灰反应。

81～100 厘米，浅灰黑色，质地中壤，棱状结构，较紧实，孔隙少，潮湿，微弱石灰反应。

分析结果见表 3-8。

**表 3-8　白羊峪 013—05 剖面理化性状**

| 层　次（厘米） | 有机质（克/千克） | C/N | 全 N（克/千克） | 全 P（克/千克） | CaCO$_3$（克/千克） | pH | 质　地 | 粒　级（%） | |
| --- | --- | --- | --- | --- | --- | --- | --- | --- | --- |
| | | | | | | | | <0.01（毫米） | >0.01（毫米） |
| 0～24 | 17.5 | 9 | 1.11 | 0.47 | 35.5 | 7.9 | 中　壤 | 37.8 | 62.2 |
| 24～31 | 17.0 | 11 | 0.92 | 0.33 | 6.852 | 8.0 | 中　壤 | 43.2 | 56.8 |
| 31～81 | 18.7 | 12 | 0.92 | 0.34 | 4.9 | 7.9 | 中　壤 | 41.8 | 58.2 |
| 81～100 | 12.0 | 11 | 0.92 | 0.34 | 8 | 8.0 | 中　壤 | 38.8 | 61.2 |

该类土壤一般遮阴面较大，土体冷凉，性湿。气候差，温度低，供肥性差，产量低。利用方向以多耕深翻，提高地力为主。结合整修拣去石砾，种植耐寒品种。在种植方法上采用宽行密株方式，增强光能利用率，提高产量水平。

**11. 耕作黄土质褐土性土**　耕作黄土质褐土性土为本县主要农业土壤，除西寨和沾尚乡（镇）之外，其余在各乡（镇）黄土丘陵部位均有广泛分布。面积为 218 073 亩，占到总土壤面积的 8.39%。它发育在黄土母质上，土质疏松多孔，结构力弱，地势较高，起伏不平，水土流失严重，有深度不等的切沟。目前大部已修成梯田方式利用，但仍有程度不同的侵蚀，致使该土壤发育较弱，黏化现象不显著，除表层外，母质特征均明显。由于地表径流较大，地下水位深，故土体干旱。表层颜色浅灰褐色，心土层呈浅棕褐至浅褐棕。多呈块状结构，除黏化层外，一般层次过渡不明显。质地为轻壤—中壤，黏化层为中—重壤。剖面中有虫粪、植物根和假菌丝体，并含有不同程度的料姜，全剖面有石灰反应因受人为影响，同类土壤的水、气、热状况也极不一致。根据表层质地，土体构型，熟化程度，障碍因素的层位及强度，分为耕作壤体黄土质褐土性土、耕作壤体初熟黄土质褐土性土、耕作壤体熟化黄土质褐土性土、耕作轻壤多料姜黄土质褐土性土和耕作轻壤深位薄层料姜黄土质褐土性土 5 个土种。

典型剖面采自阎庄乡民安村 837 剖面，地形为阶平地，海拔为 821 米。自然植被有酸枣、蒿类等，发育在黄土母质上。有轻度侵蚀，土体深厚，有少量料姜，耕作层熟化程度一般，土体构造为紧实型，亩施农家肥 4 000 千克，氮肥 25 千克，磷肥 20 千克，一般多种玉米。剖面形态特征如下：

0～20 厘米，浅灰褐色，质地中壤。屑粒结构，疏松，孔隙多，潮润，有中量料姜，植物根系多，石灰反应较强烈。

20～60 厘米，中壤质，块状结构，较紧实，孔隙较多，湿润，白色假菌丝多，植物根系较多，中度石灰反应。

60～80 厘米，质地中壤，块状结构，较紧实，孔隙度为中，湿润，假菌丝多，中量植物根系，石灰反应较强烈。

分析结果见表 3-9。

表 3-9　阎庄 14—78 剖面理化性状

| 层　次<br>（厘米） | 有机质<br>（克/千克） | C/N | 全 N<br>（克/千克） | 全 P<br>（克/千克） | CaCO₃<br>（克/千克） | pH | 代换量<br>（厘摩尔/千克） | 质　地 | 粒　级（%） | |
|---|---|---|---|---|---|---|---|---|---|---|
| | | | | | | | | | <0.01<br>（毫米） | >0.01<br>（毫米） |
| 0～20 | 10.1 | 9 | 0.66 | 0.52 | 90.3 | 8.1 | 136.1 | 中　壤 | 87.4 | 62.6 |
| 20～60 | 6.5 | 7 | 0.55 | 0.52 | 91.3 | 8.1 | 138.6 | 中　壤 | 40.2 | 59.8 |
| 60～80 | 6.2 | 8 | 0.45 | 0.49 | 135 | 8.2 | 139.4 | 重　壤 | 46.2 | 58.5 |
| 80～110 | 4.3 | 7 | 0.37 | 0.52 | 199.5 | 8.2 | 132.7 | 中　壤 | 44.8 | 55.2 |
| 110～150 | 4.2 | 7 | 0.33 | 0.51 | 160 | 8.2 | 133.0 | 中　壤 | 40 | 60 |

耕作黄土质褐土性土为本县较好的耕作土壤，适耕期长，耐涝不耐旱，发小苗而后劲差。有些地块连作玉米现象严重。10 多年不倒茬，由于农田建设差，地下水位深，常遭受干旱和雨涝袭击。利用方向应坚持山、林、田、路的综合治理方针，加强水保措施，修建田面工程，坚固地埂，平整土地，加强防旱保墒耕作管理措施，增施有机肥料。有条件的应发展排灌系统，旱地变水地，因地制宜合理轮作用养结合，提高单位面积产量。

**12. 耕作壤体红黄土质褐土性土**　也是本县分布较多的农业土壤，除了西寨和沾尚外，其余在各乡（镇）的丘陵中、上部和切沟中呈零星分布。面积为 125 267 亩，占总土壤面积的 4.84%。该土是发育在因长期侵蚀而裸露出的第三纪红黏土或第四纪红黄土中的红土层上。一般含有不同数量的料姜，表层颜色为浅褐棕—褐棕，心土层为红棕。多为棱块状结构，结构面上有较多的铁、锰胶膜。质地黏重，紧实而致密，孔隙少，通透性

差，不易耕作。生物活动微弱，作物生育受到严重影响。母质性状明显，有机质含量为
1%左右。根据表层质地，障碍因素的层位及程度，分为耕作壤体红黄土质褐土性土、耕
作壤性多料姜红黄土质褐土性土、耕作中壤浅位中层料姜红黄土质褐土性土和黏性红黄土
质褐土性土4个土种。

典型剖面采自阎庄乡寺瑙村844剖面，梁地，海拔为1 081.6米。轻度侵蚀，自然植
被有毛草、蒿类等。母质为红黄土，质地黏重，通透性差，熟化度低，多料姜，难耕种，
产量一般。剖面形态特征如下：

0～18厘米，浅褐棕，质地重壤，屑粒状结构，较疏松，多孔隙，湿润，植物根系
多，石灰反应微弱。

18～30厘米，褐棕色，质地中偏重，碎块状结构，紧实，孔隙中，湿润，少量假菌
丝体，植物根系中量，石灰反应明显。

30～50厘米，红棕色，质地重壤，碎块状结构，紧实，孔隙中，湿润，少数假菌丝
体，植物根系少，石灰反应较明显。

50厘米以下，红棕色，孔隙，重壤，碎块状结构，坚硬，少孔隙，湿润，假菌丝多，
无植物根系，石灰反应微弱。

分析结果见表3-10。

**表3-10　阎庄14—90剖面理化性状**

| 层　次 (厘米) | 有机质 (克/千克) | C/N | 全N (克/千克) | 全P (克/千克) | CaCO₃ (克/千克) | pH | 质　地 | 粒　级（%） | |
|---|---|---|---|---|---|---|---|---|---|
| | | | | | | | | <0.01 (毫米) | >0.01 (毫米) |
| 0～18 | 12.7 | 9 | 0.85 | 0.24 | 5 | 8.0 | 重　壤 | 48 | 52 |
| 18～80 | 14.9 | 8 | 1.03 | 0.31 | 39.75 | 8.0 | 中　壤 | 45.8 | 54.2 |
| 30～50 | 7.5 | 7 | 0.60 | 0.21 | 15.9 | 8.1 | 重　壤 | 54 | 46 |
| 50以下 | 5.4 | 6 | 0.54 | 0.24 | 6.63 | 8.0 | 重　壤 | 55 | 45 |

该类型土壤质地黏重，熟化程度低，通透性差，保水保肥性好，不发小苗有后劲。因
此，应大搞土地基本建设，进行平田整地，拣出料姜，适当掺和白土、沙土，采取多深
耕、多施有机质肥料和速效氮、磷肥料，逐渐加厚活土层，改善土壤物理性状，提高土壤
肥力。可种植谷子和豆类作物。

**13. 埋藏黑炉土型褐土性土**　该土壤主要分布在大寨、乐平、阎庄、界都、赵北、三
都等乡（镇）的丘陵缓坡、沟壑两侧和山麓地带，是一种历史悠久的农用土壤。面积为
5 542亩，仅占总土壤面积的0.21%，母质为黄土，成土条件主要受重力水的作用，把山
上的腐殖质层搬运于丘陵部位而被黄土所覆盖，经人为耕种利用。由于侵蚀程度不同，黄
土覆盖极不均匀，覆盖30厘米左右；养分充足，土体构型明显，表层质地为中壤，心土
层为重壤。颜色灰棕褐—棕褐，呈卷粒—块状结构，土体干旱，全剖面呈石灰反应。根据
表层质地覆盖深度分为轻壤质埋藏黑炉土型褐土性土、壤质浅位中厚层埋藏黑炉土型褐土
性土2个土种。

典型剖面采自赵北乡东平原村730剖面，丘陵地形，海拔为900米。自然植被为蒿草

类，经度沟蚀。一般亩施农家肥 3 000～3 500 千克，氮素化肥 25～35 千克，种植玉米、谷子等。剖面形态特征如下：

0～15 厘米，灰棕褐色，质地中壤，屑粒结构，松散，孔隙多，土润，多量植物根系，石灰反应较明显。

15～25 厘米，灰棕褐色，质地中壤，块状结构，土坚实，少孔隙，潮润，植物根系中等。石灰反应较明显。

25～70 厘米，灰褐色，质地重壤，块状结构，紧实，孔隙中，潮湿，植物根系多，石灰反应微弱。

70～116 厘米，棕褐色，质地中壤，块状结构，紧实，孔隙中量，潮湿，植物根系少，石灰反应强烈。

116～130 厘米，浅灰棕色，质地中壤，块状结构，紧实，孔隙为中，潮湿，植物根系少，石灰反应微弱。

分析结果见表 3－11。

**表 3－11　赵壁 14—78 剖面理化性状**

| 层　次 (厘米) | 有机质 (克/千克) | C/N | 全 N (克/千克) | 全 P (克/千克) | CaCO₃ (克/千克) | pH | 代换量 (厘摩尔/千克) | 质　地 | 粒　级（%） | |
|---|---|---|---|---|---|---|---|---|---|---|
| | | | | | | | | | <0.01 (毫米) | >0.01 (毫米) |
| 0～15 | 12.8 | 10 | 0.78 | 0.49 | 20 | 7.9 | 14.72 | 中　壤 | 84.4 | 65.6 |
| 15～25 | 11.3 | 10 | 0.68 | 0.46 | 24.75 | 8.0 | 15.72 | 中　壤 | 35.8 | 64.2 |
| 25～70 | 10.0 | 9 | 0.65 | 0.37 | 76.4 | 7.9 | 20.42 | 重　壤 | 49.2 | 50.8 |
| 70～116 | 5.4 | 8 | 0.39 | 0.50 | 157.5 | 8.0 | 16.30 | 中　壤 | 42 | 58 |
| 116～130 | 5.0 | 8 | 0.39 | 0.49 | 1.38 | 8.0 | 15.00 | 中　壤 | 36 | 64 |

该土壤土质较好，土体深厚，无不良层次，为热性土，适种作物广，利用方向是：加强农业管理与水保措施，精耕细作，坚固田埂，增施肥料，加速土壤熟化，提高生产水平。

**14. 沟淤褐土性土**　主要分布于大寨、李家庄、乐平、阎庄、赵北、界都、三都、孔氏、东冶头等乡（镇）丘陵区的沟壑中，面积有 25 035 亩。占总土壤面积的 0.96%。土质为淤积，成土条件主要是由于水力、重力作用使新老黄土掺杂淤积后，经人为耕种的一种土壤。成土时间较短，杂乱无固定，并各有数量不同的砾石，保水保肥性能好，肥力中等。根据表层质地，障碍因素的不同，沟淤褐土性土包括 4 个土种。即沙质沟淤褐土性土、沙质多砾沟淤褐土性土、壤质沟淤褐土性土、壤质多砾沟淤褐土性土。

典型剖面采自三都乡米家园村 543 号剖面，沟地，海拔为 1 135 米。母质为老黄土，自然植被为蒿草等。是经水力作用淤积而成的，中壤质地，易耕易种，保水供肥性好，适种作物广。亩施农家肥 4 000 千克，硝酸铵 25～35 千克，产量水平中上。剖面形态特征如下：

0～16 厘米，浅棕色，质地中壤，屑粒状结构，土质疏松，多孔隙，稍润，植物根系多，石灰反应较明显。

16～63 厘米，褐棕色，质地中壤，屑粒状结构，稍紧，孔隙少，土润，植物根系少，石灰反应较明显。

63～103 厘米，褐灰色，中壤，粒状结构，紧实，孔隙少，土润，无植物根系，石灰反应较强烈。

103 厘米以下，质地重壤，块状结构，紧实，孔隙少，土润，有少量假菌丝体，石灰反应明显。

分析结果见表 3-12。

表 3-12 三都 10—13 剖面理化性状

| 层 次 (厘米) | 有机质 (克/千克) | C/N | 全 N (克/千克) | 全 P (克/千克) | CaCO₃ (克/千克) | pH | 代换量 (厘摩尔/千克) | 质 地 | 粒 级（%） | |
|---|---|---|---|---|---|---|---|---|---|---|
| | | | | | | | | | <0.01 (毫米) | >0.01 (毫米) |
| 0～18 | 14.1 | 8 | 11.07 | 0.34 | 19.25 | 8 | 17.81 | 中 壤 | 88.6 | 61.4 |
| 16～63 | 9.4 | 10 | 10.56 | 0.34 | 28.25 | 8.2 | 18.31 | 中 壤 | 89.8 | 60.2 |
| 63～103 | 4.4 | 7 | 0.86 | 0.46 | 92.5 | 8.2 | 14.54 | 中 壤 | 33.4 | 66.6 |
| 103 以下 | 8.4 | 9 | 0.12 | 0.47 | 48.28 | 8.2 | 19.52 | 重 壤 | 47.8 | 52.2 |

沟淤褐土性土一般为中上等地，由于表层质地不同，改良措施各异。对沙壤地以掺黏改沙，改良土壤质地为主，整修深翻，拣去石砾，增施有机肥料，加速土壤熟化。对壤质土也采用精耕细作，养用结合的农业措施，使高产更高产。

**15. 洪冲积褐土性土** 主要分布在山口前和河流两岸，面积为 32 519 亩，占总土壤面积的 1.25%。成土母质为洪冲积沉积物，大部是洪水泛滥淤积而成，近期脱离了洪水或河水的影响，经人为耕种利用的农业土壤。由于水的流速不同，其沉积层次有所变化，质地差异很大。一般是沙黏层次相间，土体中会有砾石，冲积层次明显，自然肥力较高，耕作良好，宜耕期长。沙质的通透性好，保水保肥性差。壤质的通透性适中，保水保肥性强，产量高。根据表层质地，障碍因素程度和层位的深浅，洪冲积褐土性土分为沙质洪冲积褐土性土、中位中层砾石沙质洪冲褐土性土、壤质洪冲积褐土性土、浅位中层沙壤质洪冲积黄土质褐土性土、壤质中砾洪冲积褐土性土、壤质多砾洪冲积褐土性土等。

剖面采自阎庄乡台上村 832 剖面，该土壤为河淤土壤。次生黄土母质，海拔为 881.5 米，质地中壤，土体内含有砾石，影响耕作。种植玉米和谷子，产量水平一般。剖面形态特征如下：

0～22 厘米，浅灰棕色，轻壤偏中，屑粒结构，土质疏松，孔隙多，土湿，植物根系多，石灰反应明显。

22～46 厘米，棕褐色，中壤，块状结构，紧实，孔隙中量，湿润，有多量假菌丝体，植物根系较少，石灰反应明显。

46～76 厘米，灰棕色，质地中壤，块状结构，紧实，孔隙少，湿润，有多量假菌丝体，植物根系少量，石灰反应明显。

76～105 厘米，白灰色，中壤，块状，紧实，孔隙少，湿润，少量假菌丝体。

105 厘米以下，碎石。

分析结果见表 3-13。

表 3-13　阎庄 14—69 剖面理化性状

| 层　次<br>（厘米） | 有机质<br>（克/千克） | C/N | 全 N<br>（克/千克） | 全 P<br>（克/千克） | CaCO₃<br>（克/千克） | pH | 代换量<br>（厘摩尔/千克） | 质　地 | 粒　级（%） | |
|---|---|---|---|---|---|---|---|---|---|---|
| | | | | | | | | | <0.01<br>（毫米） | >0.01<br>（毫米） |
| 0~22 | 12.6 | 9 | 0.49 | 64.3 | 8.1 | 0.82 | 15.50 | 中　壤 | 31.8 | 68.2 |
| 22~46 | 9.2 | 8 | 0.37 | 82.3 | 8.0 | 0.69 | 15.67 | 中　壤 | 35.4 | 64.6 |
| 46~76 | 6.7 | 8 | 0.36 | 81.5 | 8.2 | 0.46 | 15.59 | 中　壤 | 39.2 | 60.8 |
| 76~105 | 6.0 | 8 | 0.41 | 175.5 | 8.2 | 0.41 | 14.66 | 中　壤 | 41 | 59 |
| 105 以下 | | | | 碎　石 | | | | | | |

　　洪冲积褐土性土由于质地差异较大，其改良措施也各不相同，应普遍加强整修和深翻措施，拣去石砾，对沙质地应掺黏改沙，增施有机质肥料，加速土壤熟化，提高土壤肥力为主。壤质地应精耕细作，合理轮作倒茬，做到用养结合，有条件的要健全排灌系统，使旱地变水地。

　　**16. 堆垫褐土性土**　主要分布在全县的河滩及河沟部位，面积为 43 371 亩，占总土壤面积的 1.67%。此类土壤绝大部分是人工造地，是经过人为搬运，重新垫成的一种耕作土壤。一般含有一定成分的白土和红土，大多是两种或几种土的混合体，为人工创造的土体构型，质地适中，但土体厚薄极不均匀，根据土层厚度，可分为中厚体壤质堆垫褐土性土、壤质沙砾石底堆垫褐土性土、中位薄黏层人工淤灌褐土性土 3 个土种。

　　典型剖面采自赵北乡赵北村 673 剖面，河滩地，海拔为 900 米，自然植被有人参苗等，是近年来人工堆成的。熟化程度不高，一年一作玉米。剖面形态特征如下：

　　0~24 厘米，灰棕色，质地中壤偏轻壤，屑粒结构，土松，孔隙多，土润，植物根系少，石灰反应明显。

　　24~32 厘米，褐棕色，质地轻壤偏中壤，屑粒状结构，土松，多孔隙，土润，植物根系少，石灰反应明显。

　　32~48 厘米，褐棕色，轻壤质地，屑粒结构，疏松，孔隙多，土润，植物根系多，石灰反应明显。

　　48~71 厘米，灰褐色，中壤，团粒结构，疏松，孔隙多，石灰反应明显。

　　71~96 厘米，浅棕褐色，质地重壤，块状结构，土紧，孔隙少，湿润，植物根系少量，石灰反应明显。

　　分析结果见表 3-14。

表 3-14　城关 01—26 剖面理化性状

| 层　次<br>（厘米） | 有机质<br>（克/千克） | C/N | 全 N<br>（克/千克） | 全 P<br>（克/千克） | CaCO₃<br>（克/千克） | pH | 代换量<br>（厘摩尔/千克） | 质　地 | 粒　级（%） | |
|---|---|---|---|---|---|---|---|---|---|---|
| | | | | | | | | | <0.01<br>（毫米） | >0.01<br>（毫米） |
| 0~20 | 2.4 | 7 | 0.65 | 0.48 | 49.6 | 7.9 | 15.42 | 中　壤 | 31.8 | 68.2 |
| 20~50 | 8.3 | 8 | 0.61 | 0.48 | 59.77 | 7.9 | 16.28 | 轻　壤 | 29.8 | 70.2 |

（续）

| 层 次<br>（厘米） | 有机质<br>（克/千克） | C/N | 全 N<br>（克/千克） | 全 P<br>（克/千克） | CaCO₃<br>（克/千克） | pH | 代换量<br>（厘摩尔/千克） | 质 地 | 粒 级（%） | |
|---|---|---|---|---|---|---|---|---|---|---|
| | | | | | | | | | <0.01<br>（毫米） | >0.01<br>（毫米） |
| 50～85 | 7.0 | 8 | 0.46 | 0.25 | 18.5 | 8.0 | 14.54 | 沙壤 | 19 | 81 |
| 85～120 | 4.2 | 6 | 0.40 | 0.26 | 17.5 | 7.9 | 14.28 | | 19 | 81 |

堆垫褐土性土土体构型较好，但土层较薄。熟化程度低，是影响产量进一步提高的限制因素。因此，利用方向应逐年引洪淤垫，进行人工复垫，加厚土层，增施有机肥料，加快土壤的熟化程度。

**17. 耕作浅色草甸土** 多成带状分布在松溪河两侧级阶地和潇河、清漳河两岸，面积为 185 745 亩，占总土壤面积的 0.7%，其成土母质为近代河流冲积物。成土过程中主要受地下水的影响，地下水为 1.5～2.5 米，潜水流动较为通畅，水质较好，在季节性降水情况下，地下水上下移动，使底土处于氧化还原的交替过程中。因而有锈纹锈斑，其质地差异较大，沉积物质错综复杂，层次明显，肥力为中等，多为水浇地，是本县较好的一种农田。根据表层质地与障碍因素的层位，又分为耕作壤体浅色草甸土、耕作壤性浅位薄沙层浅色草甸土、耕作壤性浅位中沙层浅色草甸土、耕作壤性底潜育性浅色草甸土（水稻土）和耕作沙性浅色草甸土 5 个土种。

典型剖面采自城关镇李家沟大队 26 剖面，地形为一般阶地，海拔为 871 米。母质为冲积物，地下水位为 1.4 米，地形平坦，能排能灌，旱涝保收，熟化程度好，产量水平高。亩施农家肥 5 000 千克，氮肥 30 千克，磷肥 15 千克，连作玉米。剖面形态特征如下：

0～20 厘米，灰褐色，轻壤，粒状结构，土松，孔隙多，湿润，轻度盐碱，植物根系多，石灰反应明显。

20～50 厘米，灰褐色，质地轻壤，块状结构，紧实，孔隙中度，土湿，植物根系多，石灰反应明显。

50～85 厘米，褐色，质地沙壤偏轻壤，粒状结构，土质松，孔隙中等，潮湿，植物根系少，石灰反应较明显。

85～120 厘米，褐色，质地沙壤偏轻壤，结构粒状，土质松，孔隙中等，潮湿，植物根系少，石灰反应较明显。

分析结果见表 3 - 15。

表 3 - 15　沾尚 07—63 剖面理化性状

| 层 次<br>（厘米） | 有机质<br>（克/千克） | C/N | 全 N<br>（克/千克） | 全 P<br>（克/千克） | CaCO₃<br>（克/千克） | pH | 代换量<br>（厘摩尔/千克） | 质 地 | 粒 级（%） | |
|---|---|---|---|---|---|---|---|---|---|---|
| | | | | | | | | | <0.01<br>（毫米） | >0.01<br>（毫米） |
| 0～20 | 10.1 | | 0.7 | 0.62 | 72 | 8.1 | 12.42 | 沙壤 | 18.2 | 81.8 |
| 20～80 | 6.2 | | 0.46 | 0.52 | 75.5 | 8.1 | 13.64 | 轻壤 | 21 | 79 |
| 80～120 | 3.3 | | 0.27 | 0.41 | 92.5 | 8.3 | 6.26 | 紫沙 | 11 | 89 |

耕作浅色草甸土水分供应充足，是较好的良田。但有部分地块熟化程度较差，质地粗

糙，沙性较大，地下水位较高，成为提高产量的限制因素。这类地块土壤中有效养分最容易随地下水的升降而流失，造成土壤养分缺乏，影响作物的生长和发育，往往表现，前期生长很好而逐步因肥力的供应不足造成后衰。

利用方向：应针对性采取农业措施，对质地粗糙，熟化程度差的土壤，在整修、深耕、多施有机肥料、加深活土层的同时，应以掺黏改沙措施为主，复垫一些较好的土壤，改良土壤物理性状，追肥采取少量分期分次进行，以保证作物在各个生长发育阶段有充足的养分供应。在受地下水位影响严重的土壤，首先是排除地下水，建立排水系统。水土保持、植树造林等措施紧密结合，这类土壤在改良要特别注意次生盐化问题。

**18. 堆垫浅色草甸土**  主要分布在大寨、杜庄、乐平、洪水、冶头、孔氏王寨、乐平等乡（镇）的河滩地，面积 27 950 亩，占总土壤面积的 1.1%。成土母质为堆垫性黄土等，是由人工搬运而重新进行堆垫后耕种的杂合土壤。大部分灌溉条件较好，农业利用率较高，土体构型好，质地适中，有中厚体壤性堆垫浅色草甸土和壤性沙砾石底堆垫浅色草甸土 2 个土种。

典型剖面采自东冶头公社东固壁大队 974 剖面，地形是河流阶地，海拔为 704 米。母质为堆垫性黄土，自然植被有草灌等，受地下水的影响，土层薄，下伏有卵石。亩施农家肥 4 000 千克，氮肥 25 千克，磷肥 15 千克，种玉米和高粱等。

剖面形态特性如下：

0～20 厘米，浅灰棕色，质地为轻壤，结构为屑粒状，土质疏松，孔隙中等，稍润，植物根系多，石灰反应明显。

20～40 厘米，浅灰棕色，质地为中壤，块状结构，土质疏松，孔隙中度，润，植物根系少，石灰反应明显。

40 厘米以下，为卵石。

分析结果见表 3 - 16。

表 3 - 16  冶头 18—14 剖面理化性状

| 层 次 (厘米) | 有机质 (克/千克) | C/N | 全 N (克/千克) | 全 P (克/千克) | CaCO₃ (克/千克) | pH | 代换量 (厘摩尔/千克) | 质 地 | 粒 级（%） | |
|---|---|---|---|---|---|---|---|---|---|---|
| | | | | | | | | | <0.01 (毫米) | >0.01 (毫米) |
| 0～20 | 9.9 | 10 | 0.60 | 0.48 | 73.75 | 8.1 | 11.82 | 轻 壤 | 27.8 | 72.2 |
| 20～40 | 7.9 | 8 | 0.57 | 0.415 | 78 | 8.1 | 13.61 | 中 壤 | 34.6 | 65.4 |
| 40 以下 | | | | | | | | | | |

堆垫浅色草甸土，土层厚度不均匀，土层薄的应逐年引洪淤罐，或进行人工复垫，加厚土层，增施有机质肥料，加速土壤熟化。土层厚的要做到精耕细作，轮作倒茬，用养结合，培肥土壤，提高增产能力。

**19. 耕作轻度硫酸盐型浅色草甸土**  此土主要分布在西寨、沾尚季节性积水的洼地，面积为 2 267 亩，仅占总土壤面积的 0.08%。成土母质为河流淤积物，加上水质有一定矿化度，直接影响其成土过程。土性凉，土壤水、气、热状况不良，成为农业生产的障碍因素。

典型剖面采自沾尚镇胡丰大队 349 剖面，地形为潇河一级阶地，海拔为 1 150 米。母质为洪冲积沉积物，沙壤质地，易耕，但供肥、保肥性差，因受地下水影响，土质有轻度盐化现象，作物生长不佳。种植作物为玉米，亩施农家肥 5 000 千克，氮肥 35 千克。

剖面形态特征如下：

0～20 厘米，浅棕色，质地沙壤，团粒结构，土质疏松，植物根系多，石灰反应明显。

20～80 厘米，浅灰棕色，质地轻壤，块状结构，土质紧实，石灰反应明显。

80～120 厘米，浅灰棕色，质地紧实，块状结构，植物根系少量，石灰反应明显。

分析结果见表 3 - 17。

表 3 - 17　赵壁 12—03 剖面理化性状

| 层　次（厘米） | 有机质（克/千克） | C/N | 全 N（克/千克） | 全 P（克/千克） | CaCO₃（克/千克） | pH | 代换量（厘摩尔/千克） | 质　地 | 粒　级（%） | |
|---|---|---|---|---|---|---|---|---|---|---|
| | | | | | | | | | <0.01（毫米） | >0.01（毫米） |
| 0～24 | 8.6 | 8 | 0.64 | 0.61 | 81 | 8.2 | 11.96 | 中　壤 | 30.4 | 69.6 |
| 24～32 | 7.0 | 7 | 0.55 | 0.59 | 84 | 8.3 | 12.51 | 轻　壤 | 29.8 | 70.2 |
| 32～48 | 5.4 | 8 | 0.38 | 0.58 | 84 | 8.3 | 11.32 | 轻　壤 | 28.6 | 71.4 |
| 48～71 | 12.5 | 11 | 0.68 | 0.67 | 81.3 | 8.1 | 12.10 | 中　壤 | 31.6 | 68.4 |
| 71～96 | 7.5 | 8 | 0.54 | 0.52 | 97.5 | 8.1 | 18.22 | 重　壤 | 48 | 52 |
| 105 以下 | 碎石 | 9 | 0.54 | 0.55 | 86.5 | 8.1 | 12.88 | 轻　壤 | 28 | 72 |

轻度硫酸盐型浅色草甸土，因其成土过程受地下水影响，尤其在多雨季节，地下水位上升，地表出现积水现象，产生沼泽化，地下水又有一定矿化度，致使土壤轻度盐化。土壤水、气、热状况不良，熟化程度低。今后需挖排水沟，降低地下水，排除沼泽化，增施热性有机肥料，改善土壤结构，提高土壤肥力。

# 第二节　有机质及大量元素

土壤大量元素背景值的表达方式以各统计单元养分汇总结果的算术平均值和标准差来表示，分别以单体 N、P、K 表示。单位：有机质、全氮用克/千克表示，有效磷、速效钾、缓效钾用毫克/千克表示。

土壤有机质、全氮、有效磷、速效钾等以《山西省耕地土壤养分含量分级参数表》为标准各分 6 个级别。见表 3 - 18。

表 3 - 18　山西省耕地地力土壤养分耕地标

| 级　别 | I | II | III | IV | V | VI |
|---|---|---|---|---|---|---|
| 有机质（克/千克） | >25.00 | 20.01～25.00 | 15.01～20.00 | 10.01～15.00 | 5.01～10.00 | ≤5.00 |
| 全氮（克/千克） | >1.50 | 1.201～1.50 | 1.001～1.200 | 0.701～1.000 | 0.501～0.700 | ≤0.50 |

（续）

| 级 别 | I | II | III | IV | V | VI |
|---|---|---|---|---|---|---|
| 有效磷（毫克/千克） | >25.00 | 20.01~25.00 | 15.1~20.0 | 10.1~15.0 | 5.1~10.0 | ≤5.0 |
| 速效钾（毫克/千克） | >250 | 201~250 | 151~200 | 101~150 | 51~100 | ≤50 |
| 缓效钾（毫克/千克） | >1 200 | 901~1 200 | 601~900 | 351~600 | 151~350 | ≤150 |
| 阳离子代换量（厘摩尔/千克） | >20.00 | 15.01~20.00 | 12.01~15.00 | 10.01~12.00 | 8.01~10.00 | ≤8.00 |
| 有效铜（毫克/千克） | >2.00 | 1.51~2.00 | 1.01~1.51 | 0.51~1.00 | 0.21~0.50 | ≤0.20 |
| 有效锰（毫克/千克） | >30.00 | 20.01~30.00 | 15.01~20.00 | 5.01~15.00 | 1.01~5.00 | ≤1.00 |
| 有效锌（毫克/千克） | >3.00 | 1.51~3.00 | 1.01~1.50 | 0.51~1.00 | 0.31~0.50 | ≤0.30 |
| 有效铁（毫克/千克） | >20.00 | 15.01~20.00 | 10.01~15.00 | 5.01~10.00 | 2.51~5.00 | ≤2.50 |
| 有效硼（毫克/千克） | >2.00 | 1.51~2.00 | 1.01~1.50 | 0.51~1.00 | 0.21~0.50 | ≤0.20 |
| 有效钼（毫克/千克） | >0.30 | 0.26~0.30 | 0.21~0.25 | 0.16~0.20 | 0.11~0.15 | ≤0.10 |
| 有效硫（毫克/千克） | >200.00 | 100.1~200 | 50.1~100.0 | 25.1~50.0 | 12.1~25.0 | ≤12.0 |
| 有效硅（毫克/千克） | >250.0 | 200.1~250.0 | 150.1~200.0 | 100.1~150.0 | 50.1~100.0 | ≤50.0 |
| 交换性钙（克/千克） | >15.00 | 10.01~15.00 | 5.01~10.0 | 1.01~5.00 | 0.51~1.00 | ≤0.50 |
| 交换性镁（克/千克） | >1.00 | 0.76~1.00 | 0.51~0.75 | 0.31~0.50 | 0.06~0.30 | ≤0.05 |

# 一、含量与分布

昔阳县大田土壤大量元素分类统计结果见表 3-19。
## （一）有机质
昔阳县耕地土壤有机质含量变化为 4.17~52.78 克/千克，平均值为 16.6 克/千克，属三级水平。

（1）不同行政区域：李家庄乡平均值最高，为 20.29 克/千克；其次是西寨乡，平均值为 19.93 克/千克；最低是沾尚镇，平均值为 11.9 克/千克。

（2）不同土壤类型：薄沙泥质淋土最高，平均值为 27.55 克/千克；其次是沙泥质淋土，平均值为 20.86 克/千克，耕清白盐潮土，平均值为 8.55 克/千克。
## （二）全氮
昔阳县土壤全氮含量变化范围为 0.66~1.08 克/千克，平均值为 0.91 克/千克，属四级水平。

（1）不同行政区域：三都乡平均值最高，为 1.08 克/千克；其次是孔氏乡和西寨乡，平均值均为 1.05 克/千克；最低是沾尚镇，平均值为 0.66 克/千克。

（2）不同土壤类型：薄黄淋土最高，平均值为 1.08 克/千克，其次是沙泥质淋土，平均值为 1.06 克/千克；最低是耕清白盐潮土，平均值为 0.52 克/千克。
## （三）有效磷
昔阳县有效磷含量变化范围为 2.73~31.95 毫克/千克，平均值为 11.16 毫克/千克，属四级水平。

表 3 - 19　昔阳县大田土壤大量元素分类统计结果

| 类别 | | 有机质（克/千克） | | 全氮（克/千克） | | 有效磷（毫克/千克） | | 速效钾（毫克/千克） | | 缓效钾（毫克/千克） | |
|---|---|---|---|---|---|---|---|---|---|---|---|
| | | 平均值 | 区域值 | 平均值 | 区域值 | 平均值 | 区域值 | 平均值 | 区域值 | 平均值 | 区域值 |
| 行政区域 | 乐平 | 13.79 | 2.16~22.32 | 0.76 | 0.14~1.00 | 10.06 | 4.24~22.41 | 119.64 | 81.93~204.27 | 514.12 | 292.67~680.72 |
| | 大寨 | 14.75 | 2.44~27.57 | 0.81 | 0.14~1.33 | 9.89 | 4.24~23.07 | 113.00 | 71.60~246.74 | 556.32 | 340.44~740.51 |
| | 东冶头 | 19.64 | 1.59~26.93 | 1.00 | 0.11~1.11 | 13.08 | 8.07~25.00 | 153.04 | 100.00~270.14 | 689.45 | 400.80~1041.40 |
| | 皋落 | 16.63 | 1.02~2.16 | 1.01 | 0.08~0.17 | 8.40 | 3.30~14.39 | 135.07 | 97.42~220.60 | 399.74 | 235.34~760.44 |
| | 沾尚 | 11.9 | 3.01~26.65 | 0.66 | 0.35~1.20 | 12.15 | 5.76~25.00 | 184.91 | 94.84~321.18 | 563.60 | 283.11~880.02 |
| | 赵壁 | 16.67 | 1.02~8.97 | 1.02 | 0.08~0.62 | 9.26 | 2.73~20.76 | 143.53 | 87.09~270.14 | 547.39 | 302.22~820.23 |
| | 孔氏 | 18.92 | 1.30~3.58 | 1.05 | 0.08~0.20 | 15.34 | 6.42~25.79 | 140.11 | 94.84~233.67 | 732.93 | 450.60~1027.36 |
| | 界都 | 18.41 | 1.59~18.97 | 0.96 | 0.14~1.28 | 12.28 | 5.43~25.00 | 170.33 | 107.53~263.76 | 560.93 | 384.20~720.58 |
| | 李家庄 | 20.29 | 1.30~8.31 | 1.02 | 0.08~0.44 | 9.60 | 5.76~16.70 | 137.11 | 114.07~183.67 | 507.57 | 417.40~600.00 |
| | 阎庄 | 16.46 | 1.30~6.00 | 0.98 | 0.08~0.41 | 13.45 | 7.08~22.41 | 133.90 | 97.42~200.00 | 669.97 | 500.40~840.16 |
| | 西寨 | 19.93 | 11.33~27.57 | 1.05 | 0.47~1.51 | 15.87 | 6.42~31.95 | 180.50 | 92.25~308.42 | 633.37 | 400.80~899.95 |
| | 三都 | 18.71 | 2.44~18.31 | 1.08 | 0.20~1.00 | 10.76 | 5.1~21.75 | 136.31 | 100.00~200.00 | 543.64 | 340.44~800.30 |
| 土壤类型 | 潮土 | 7.38 | 1.02~20.34 | 0.43 | 0.08~1.09 | 11.69 | 2.73~25.00 | 141.54 | 87.09~240.20 | 552.05 | 302.22~740.51 |
| | 粗骨土 | 6.70 | 1.02~13.30 | 0.39 | 0.08~1.12 | 11.41 | 4.43~23.07 | 155.25 | 104.27~270.14 | 568.14 | 302.22~820.23 |
| | 褐土性土 | 6.14 | 1.02~27357 | 0.36 | 0.08~1.51 | 10.99 | 3.30~27.16 | 143.19 | 71.60~321.18 | 563.24 | 235.34~1041.40 |
| | 淋溶褐土 | 13.23 | 1.30~27.57 | 0.76 | 0.08~1.38 | 13.90 | 6.42~31.95 | 158.50 | 79.34~308.42 | 612.81 | 292.67~899.95 |
| | 盐化潮土 | 9.57 | 1.30~26.93 | 0.53 | 0.08~1.17 | 12.11 | 6.09~22.08 | 139.54 | 92.25~314.80 | 591.53 | 450.60~971.20 |
| 地形部位 | 沟谷、梁、峁、坡 | 6.23 | 1.02~26.93 | 0.37 | 0.81~1.20 | 11.64 | 4.81~22.74 | 165.39 | 97.42~308.42 | 580.73 | 273.56~985.24 |
| | 河流一级、二级阶地 | 7.13 | 1.02~27.57 | 0.41 | 0.08~1.38 | 11.39 | 2.73~24.72 | 142.29 | 84.51~314.80 | 559.08 | 235.34~1027.36 |
| | 丘陵低山中、下部及坡麓平坦地 | 6.18 | 1.02~26.93 | 0.37 | 0.08~1.50 | 10.97 | 3.30~26.47 | 141.04 | 71.60~321.18 | 562.34 | 235.34~1013.32 |
| | 山地、丘陵（中、下）部的缓坡地段 | 6.78 | 1.02~27.57 | 0.41 | 0.08~1.51 | 11.37 | 3.11~31.95 | 153.87 | 79.34~308.42 | 577.28 | 244.89~1041.40 |

（1）不同行政区域：西寨乡平均值最高，为 15.87 毫克/千克；其次是孔氏乡，平均值为 15.34 毫克/千克；最低是皋落镇，平均值为 8.4 毫克/千克。

（2）不同土壤类型：淋溶褐土平均值最高，为 13.90 毫克/千克；其次是盐化潮土，平均值为 12.11 毫克/千克；最低是褐土性土，平均值为 10.99 毫克/千克。

**（四）速效钾**

昔阳县土壤速效钾含量变化范围为 71.60～321.18 毫克/千克，平均值 144.53 毫克/千克，属四级水平。

（1）不同行政区域：沾尚镇最高，平均值为 184.91 毫克/千克；其次是西寨乡，平均值为 180.50 毫克/千克；最低是大寨镇，平均值为 113.00 毫克/千克。

（2）不同土壤类型：淋溶褐土最高，平均值为 158.50 毫克/千克；其次是粗骨土，平均值为 155.25 毫克/千克；最低是盐化潮土，平均值为 139.54 毫克/千克。

**（五）缓效钾**

昔阳县土壤缓效钾变化范围为 235.34～1 041.40 毫克/千克，平均值为 565.00 毫克/千克，属四级水平。

（1）不同行政区域：孔氏乡平均值最高，为 732.93 毫克/千克；其次是东冶头镇，平均值为 689.45 毫克/千克；皋落镇最低，平均值为 399.74 毫克/千克。

（2）不同土壤类型：淋溶褐土最高，平均值为 621.81 毫克/千克；其次是盐化潮土，591.53 毫克/千克，潮土最低，平均值为 552.05 毫克/千克。

# 二、分级论述

昔阳县耕地土壤大量元素分级面积与占分级面积的百分比见表 3-20。

**（一）有机质**

Ⅰ级　有机质含量为 25.0 克/千克以上，面积为 5 413.85 亩，占总耕地面积的 1.24%，广泛分布于西部乡（镇）一级、二级阶地、丘间盆地和河漫滩、山前倾斜平原等。主要作物为玉米。

Ⅱ级　有机质含量为 20.01～25.0 克/千克，面积为 56 890.13 亩，占总耕地面积的 12.99%。

Ⅲ级　有机质含量为 15.01～20.0 克/千克，面积为 265 711.67 亩，占总耕地面积的 60.67%。

Ⅳ级　有机质含量为 10.01～15.0 克/千克，面积为 77 916.206 亩，占总耕地面积的 17.79%。

Ⅴ级　有机质含量为 5.01～10.0 克/千克，面积为 31 073.20 亩，占总耕地面积的 7.09%。

Ⅵ级　有机质含量为 0.01～5.00 克/千克，面积为 990.84 亩，占总耕地面积的 0.23%。

**（二）全氮**

Ⅰ级　全氮量大于 1.50 克/千克面积为 555.25 亩，占总耕地面积的 0.13%。

Ⅱ级 全氮含量为 1.201～1.50 克/千克，面积为 10 817.27 亩，占总耕地面积的 2.47%。

Ⅲ级 全氮含量为 1.001～1.20 克/千克，面积为 155 973.61 亩，占总耕地面积的 35.61%。

Ⅳ级 全氮含量为 0.701～1.000 克/千克，面积为 199 155.92 亩，占总耕地面积的 45.47%。

Ⅴ级 全氮含量为 0.501～0.70 克/千克，面积为 61 620.72 亩，占总耕地面积的 14.07。

Ⅵ级 全氮含量小于 0.50 克/千克，面积为 9 873.12 亩，占总耕地面积的 2.25%。

### (三) 有效磷

Ⅰ级 有效磷含量大于 25.00 毫克/千克。面积为 785.97 亩，占总耕地面积的 0.18%。

Ⅱ级 有效磷含量为 20.1～25.00 毫克/千克。面积为 9214.50 亩，占总耕地面积的 2.10%。

Ⅲ级 有效磷含量为 15.1～20.1 毫克/千克，面积为 49 472.10 亩，占总耕地面积的 11.30%。

Ⅳ级 有效磷含量为 10.1～15.0 毫克/千克。面积为 202 883.94 亩，占总耕地面积的 46.32%。

Ⅴ级 有效磷含量为 5.1～10.0 毫克/千克。面积为 168 980.15 亩，占总耕地面积的 38.58%。

Ⅵ级 有效磷含量小于 5.0 毫克/千克，面积为 6 659.23，占总耕地面积的 1.52%。

表 3-20 昔阳县耕地土壤大量元素分级面积

| 类别 | | Ⅰ | | Ⅱ | | Ⅲ | | Ⅳ | | Ⅴ | | Ⅵ | |
|---|---|---|---|---|---|---|---|---|---|---|---|---|---|---|
| | | 百分比(%) | 面积(亩) | 百分比(%) | 面积(亩) | 百分比(%) | 面积(亩) | 百分比(%) | 面积(亩) | 百分比(%) | 面积(亩) | 百分比(%) | 面积(亩) |
| 耕地土壤 | 有机质 | 1.24 | 5 413.85 | 12.99 | 56 890.13 | 60.67 | 265 711.67 | 17.79 | 77 916.20 | 7.09 | 31 073.20 | 0.23 | 990.844 |
| | 全 氮 | 0.13 | 555.25 | 2.47 | 10 817.27 | 35.61 | 155 973.61 | 45.47 | 199 155.92 | 14.07 | 61 620.72 | 2.25 | 9 873.12 |
| | 有效磷 | 0.18 | 785.97 | 2.10 | 9 214.50 | 11.30 | 49 472.10 | 46.32 | 202 883.94 | 38.58 | 168 980.15 | 1.52 | 6 659.23 |
| | 速效钾 | 0.97 | 4 267.32 | 5.09 | 22 304.93 | 29.93 | 131 070.41 | 61.84 | 270 874.27 | 2.16 | 9 478.96 | 0.00 | 0.00 |
| | 缓效钾 | 0.00 | 0.00 | 0.64 | 2 822.42 | 40.72 | 178 337.65 | 54.33 | 237 957.27 | 4.31 | 18 878.55 | 0.00 | 0.00 |

### (四) 速效钾

Ⅰ级 速效钾含量大于 250 毫克/千克，面积为 4 267.32 亩，占总耕地面积的 0.97%。

Ⅱ级 速效钾含量为 201～250 毫克/千克，面积为 22 304.93 亩，占总耕地面积的 5.09%。

Ⅲ级 速效钾含量为 151～200 毫克/千克，面积为 131 070.41 亩，占总耕地面积的 29.93%。

Ⅳ级　速效钾含量为 101～150 毫克/千克，面积为 270 874.27 亩，占总耕地面积的 61.84%。

Ⅴ级　速效钾含量为 51～100 毫克/千克，面积为 9 478.96 亩，占总耕地面积的 2.16%。

Ⅵ级　全县无分布。

**(五) 缓效钾**

Ⅰ级　缓效钾含量大于 1 200 毫克/千克，面积无分布。

Ⅱ级　缓效钾含量为 901～1 200 毫克/千克，面积为 2 822.42 亩，占总耕地面积的 0.64%。

Ⅲ级　缓效钾含量为 601～900 毫克/千克，面积为 178 337.65 亩，占总耕地面积的 40.72%。

Ⅳ级　缓效钾含量为 351～600 毫克/千克，面积为 237 957.27 亩，占总耕地面积的 54.33%。

Ⅴ级　缓效钾含量为 151～350 毫克/千克，面积为 18 878.55 亩，占总耕地面积的 4.31%。

Ⅵ级　全县无分布。

# 第三节　中量元素

中量元素背景值的表达方式以各统计单元养分汇总结果的算术平均值和标准差来表示。以单位体硫（S）表示，单位用毫克/千克来表示。

由于有效硫目前全国范围内仅有酸性土壤临界值，而昔阳县土壤属石灰性土壤，没有临界值标准。因而只能根据养分分量的具体情况进行级别划分，分 6 个级别。

## 一、含量与分布

**有效硫**

昔阳县土壤有效硫变化范围为 7.84～218.46 毫克/千克，平均值为 31.30 毫克/千克，属四级水平。

（1）不同行政区域：界都乡最高，平均值为 44.00 毫克/千克；其次是三都乡，平均值为 42.03 毫克/千克；最低是孔氏乡，平均值为 20.65 毫克/千克。

（2）不同地形部位：沟谷、梁、峁、坡最高，平均值为 35.02 毫克/千克；其次是河流一级、二级阶地，平均值为 31.69 毫克/千克，丘陵低山中、下部及坡麓平坦地；最低为 30.90 毫克/千克。

（3）不同土壤类型：淋溶褐土最高，平均值为 38.34 毫克/千克；其次是粗骨土，平均值为 33.89 毫克/千克；最低是褐土性土，平均值为 30.70 毫克/千克。

昔阳县耕地土壤中量元素分类统计结果见表 3-21。

表 3 - 21　昔阳县耕地土壤中量元素分类统计结果

单位：毫克/千克

| 类　别 | | 有效硫 | |
|---|---|---|---|
| | | 平均值 | 区域值 |
| 行政区域 | 乐　平 | 41.74 | 9.63～218.46 |
| | 大　寨 | 28.68 | 12.96～90.02 |
| | 东冶头 | 23.13 | 12.96～46.68 |
| | 皋　落 | 27.45 | 11.41～70.06 |
| | 沾　尚 | 37.39 | 13.82～63.41 |
| | 赵　壁 | 21.15 | 9.63～66.73 |
| | 孔　氏 | 20.65 | 12.00～43.36 |
| | 界　都 | 44.00 | 12.96～100.00 |
| | 李家庄 | 23.49 | 12.96～40.04 |
| | 阎　庄 | 25.68 | 15.54～53.43 |
| | 西　寨 | 31.17 | 7.84～76.71 |
| | 三　都 | 42.03 | 18.12～90.02 |
| 地形部位 | 沟谷、梁、峁、坡 | 35.02 | 12.00～100.00 |
| | 河流一级、二级阶地 | 31.69 | 8.44～96.67 |
| | 丘陵低山中、下部及坡麓平坦地 | 30.90 | 7.84～218.46 |
| | 山地、丘陵中、下部的缓坡地段，地面有一定的坡度 | 31.35 | 9.63～106.76 |
| 土壤类型 | 潮土 | 30.72 | 10.22～80.04 |
| | 粗骨土 | 33.89 | 13.82～100 |
| | 褐土性土 | 30.70 | 7.84～218.46 |
| | 淋溶褐土 | 38.34 | 13.82～83.37 |
| | 盐化潮土 | 32.61 | 12.96～76.71 |

# 二、分级论述

**有效硫**

按照山西省耕地地力养分分级标准，将有效硫分为六级（见表 3 - 22）。

Ⅰ级　有效硫含量大于 200.0 毫克/千克，面积为 116.21 亩，占总耕地面积的 0.027%。

Ⅱ级　有效硫含量为 100.1～200.0 毫克/千克，面积为 326.42 亩，占总耕地面积的 0.075%。

Ⅲ级　有效硫含量为 50.1～100 毫克/千克，面积为 41 887.65 亩，占总耕地面积的 9.56%。

Ⅳ级　有效硫含量为 25.1～50 毫克/千克，面积为 198 845.35 亩，占总耕地面积的 45.40%。

Ⅴ级　有效硫含量为 12.1～25.0 毫克/千克，面积为 195 317.34 亩，占总耕地面积的 44.59%。

Ⅵ级　有效硫含量小于等于 12.0 毫克/千克，面积为 1502.92 亩，占总耕地面积的 0.34%。

表 3-22　昔阳县耕地土壤中量元素分级面积

| 类别 | Ⅰ | | Ⅱ | | Ⅲ | | Ⅳ | | Ⅴ | | Ⅵ | |
|---|---|---|---|---|---|---|---|---|---|---|---|---|
| | 百分比（%） | 面积（亩） | 百分比（%） | 面积（亩） | 百分比（%） | 面积（亩） | 百分比（%） | 面积（亩） | 百分比（%） | 面积（亩） | 百分比（%） | 面积（亩） |
| 有效硫 | 0.027 | 116.21 | 0.075 | 326.42 | 9.56 | 41 887.65 | 45.40 | 198 845.35 | 44.59 | 195 317.34 | 0.34 | 1 502.92 |

# 第四节　微量元素

土壤微量元素背景值的表达方式以各统计单元养分汇总结果的算术平均值和标准差来表示，分别以单体 Cu、Zn、Mn、Fe、B 表示。表示单位为毫克/千克。

土壤微量元素参照全省第二次土壤普查的标准，结合昔阳县土壤养分含量状况重新进行划分，各分 6 个级别。见表 3-23。

## 一、含量与分布

### （一）有效铜

昔阳县土壤有效铜含量变化范围为 0.54～2.66 毫克/千克，平均值 1.31 毫克/千克，属三级水平。

（1）不同行政区域：大寨镇平均值最高，为 1.58 毫克/千克；其次是阎庄乡，平均值为 1.52 毫克/千克；界都乡最低，平均值为 0.95 毫克/千克。

（2）不同地形部位：丘陵低山中、下部及坡麓平坦地最高，均值为 1.32 毫克/千克；其次是河流一级、二级阶地，为 1.31 毫克/千克；最低是沟谷、梁、峁、坡，平均值为 1.23 毫克/千克。

（3）不同土壤类型：褐土性土最高，平均值为 1.32 毫克/千克；其次是粗骨土，平均值为 1.27 毫克/千克；最低是潮土，平均值为 1.23 毫克/千克。见表 3-23。

### （二）有效锌

昔阳县土壤有效锌含量变化范围为 0.37～4.94 毫克/千克，平均值为 1.12 毫克/千克，属三级水平。

（1）不同行政区域：界都乡平均值最高，为 1.43 毫克/千克；其次是孔氏乡，平均值为 1.36 毫克/千克；最低是大寨镇，平均值为 0.09 毫克/千克。

（2）不同地形部位：沟谷、梁、峁、坡河流一级、二级阶地平均值最高，为 1.18 毫克/千克；其次是丘陵低山中、下部及坡麓平坦地，平均值为 1.14 毫克/千克；最低是山地、丘陵（中、下）部的缓坡地段，平均值为 1.10 毫克/千克。

## 表3-23　昔阳县耕地土壤微量元素分类统计结果

单位：毫克/千克

| 类别 | | 有效铜 | | 有效锰 | | 有效锌 | | 有效铁 | | 水溶性硼 | |
|---|---|---|---|---|---|---|---|---|---|---|---|
| | | 平均 | 区域值 | 平均 | 区域值 | 平均 | 区域值 | 平均 | 区域值 | 平均 | 区域值 |
| 行政区域 | 乐平 | 1.03 | 0.58~1.80 | 10.18 | 7.01~16.67 | 1.11 | 0.71~2.90 | 1 695.00 | 5.68~22.85 | 0.38 | 0.21~0.74 |
| | 大寨 | 1.58 | 0.80~2.66 | 12.06 | 7.67~18.00 | 0.99 | 0.45~2.50 | 1 315.00 | 6.67~18.00 | 0.43 | 0.23~0.71 |
| | 东冶头 | 1.47 | 1.08~2.23 | 10.54 | 7.01~17.01 | 1.16 | 0.61~2.21 | 624.00 | 6.34~13.00 | 0.40 | 0.14~0.71 |
| | 皋落 | 1.49 | 1.27~1.84 | 12.39 | 9.01~18.67 | 1.27 | 0.64~2.60 | 600.00 | 8.00~21.71 | 0.43 | 0.23~0.74 |
| | 沾尚 | 1.11 | 0.90~1.27 | 7.43 | 4.88~10.34 | 1.00 | 0.87~1.14 | 983.00 | 7.67~9.00 | 0.33 | 0.29~0.40 |
| | 赵壁 | 1.47 | 0.97~1.93 | 12.93 | 7.67~24.60 | 1.04 | 0.37~2.90 | 1 378.00 | 7.01~17.67 | 0.39 | 0.19~0.90 |
| | 孔氏 | 1.42 | 1.11~2.39 | 11.31 | 3.67~20.00 | 1.36 | 0.50~4.94 | 596.00 | 3.54~28.52 | 0.50 | 0.29~1.14 |
| | 界都 | 0.95 | 0.54~1.67 | 8.23 | 4.76~13.00 | 1.43 | 0.71~3.97 | 691.00 | 6.34~16.34 | 0.53 | 0.23~1.00 |
| | 李家庄 | 1.46 | 1.00~1.67 | 10.03 | 7.67~13.00 | 1.14 | 0.77~1.71 | 447.00 | 6.01~11.34 | 0.40 | 0.27~0.61 |
| | 闫庄 | 1.52 | 0.90~1.93 | 11.11 | 8.34~15.00 | 1.04 | 0.74~1.61 | 490.00 | 6.34~14.33 | 0.42 | 0.27~0.64 |
| | 西寨 | 1.20 | 0.67~2.06 | 5.98 | 4.03~7.67 | 1.00 | 0.42~2.01 | 450.00 | 6.67~10.68 | 0.33 | 0.16~0.64 |
| | 三都 | 1.12 | 0.80~1.58 | 8.23 | 5.68~16.34 | 1.31 | 0.74~2.30 | 423.00 | 5.68~9.67 | 0.55 | 0.27~0.87 |
| 土壤类型 | 潮土 | 1.23 | 0.58~2.06 | 10.28 | 4.52~18.34 | 1.04 | 0.47~1.81 | 8.55 | 5.68~13.00 | 0.38 | 0.21~0.61 |
| | 粗骨土 | 1.27 | 0.54~2.12 | 10.12 | 4.76~18.34 | 1.22 | 0.47~2.80 | 8.67 | 5.68~17.34 | 0.46 | 0.23~0.97 |
| | 褐土性土 | 1.32 | 0.58~2.66 | 10.53 | 3.67~24.60 | 1.12 | 0.37~4.94 | 9.09 | 3.54~28.52 | 0.41 | 0.16~1.14 |
| | 淋溶褐土 | 1.26 | 0.84~1.70 | 8.39 | 4.27~14.33 | 1.05 | 0.54~1.71 | 8.83 | 7.01~14.67 | 0.36 | 0.23~0.64 |
| | 盐化潮土 | 1.25 | 0.74~2.06 | 9.37 | 5.68~15.34 | 1.10 | 0.61~2.21 | 8.52 | 5.34~12.67 | 0.38 | 0.14~0.71 |
| 地形部位 | 沟谷、梁、峁、坡 | 1.23 | 0.71~2.39 | 9.67 | 4.76~19.67 | 1.18 | 0.46~2.30 | 8.71 | 5.00~27.96 | 0.46 | 0.19~1.09 |
| | 河流一级、二级阶地（中、下） | 1.31 | 0.58~2.28 | 10.46 | 4.03~23.68 | 1.10 | 0.37~4.11 | 9.08 | 4.88~20.58 | 0.40 | 0.14~1.12 |
| | 丘陵低山（中、下）部及坡麓平坦地 | 1.32 | 0.54~2.66 | 10.56 | 4.15~21.85 | 1.12 | 0.45~4.94 | 9.02 | 3.66~28.52 | 0.41 | 0.16~1.14 |
| | 山地、丘陵（中、下）部的缓坡地段、地面有一定的坡度 | 1.28 | 0.67~2.66 | 9.95 | 3.67~24.60 | 1.14 | 0.40~4.94 | 8.92 | 3.54~27.96 | 0.43 | 0.19~1.09 |

（3）不同土壤类型：粗骨土最高，平均值为 1.22 毫克/千克；其次是褐土性土，平均值为 1.12 毫克/千克；最低是潮土，平均值为 1.04 毫克/千克。

### （三）有效锰

昔阳县土壤有效锰含量变化范围为 3.67～24.60 毫克/千克，平均值为 10.40 毫克/千克，属四级水平。

（1）不同行政区域：赵壁乡平均值最高，为 12.93 毫克/千克；其次是皋落镇，平均值为 12.93 毫克/千克；最低是西寨乡，平均值为 5.98 毫克/千克。

（2）不同地形部位：丘陵低山中、下部及坡麓平坦地最高，平均值为 10.56 毫克/千克；其次是河流一级、二级阶地和山地、丘陵（中、下）部的缓坡地段，地面有一定的坡度，平均值为 10.46 毫克/千克；最低是沟谷、梁、峁、坡，平均值为 9.67 毫克/千克。

（3）不同土壤类型：褐土性土最高，平均值为 10.53 毫克/千克；其次是潮土，平均值为 10.28 毫克/千克；最低是淋溶褐土，平均值为 8.39 毫克/千克。

### （四）有效铁

昔阳县土壤有效铁含量变化范围为 3.54～28.52 毫克/千克，平均值为 9.00 毫克/千克，属四级水平。

（1）不同行政区域：乐平镇平均值最高，为 1 695.00 毫克/千克；其次是赵壁乡，平均值为 1 378.00 毫克/千克；最低是三都乡，平均值为 423.00 毫克/千克。

（2）不同地形部位：河流一级、二级阶地最高，平均值为 9.08 毫克/千克；其次是丘陵低山中、下部及坡麓平坦地，平均值为 9.02 毫克/千克；最低是沟谷、梁、峁、坡，平均值为 8.71 毫克/千克。

（3）不同土壤类型：褐土性土最高，平均值为 9.09 毫克/千克；其次是淋溶褐土，平均值为 8.83 毫克/千克；盐化潮土最低，平均值为 8.52 毫克/千克。

### （五）有效硼

昔阳县土壤有效硼含量变化范围为 0.14～1.14 毫克/千克，平均值为 0.41 毫克/千克，属五级水平。

（1）不同行政区域：三都乡平均值最高，为 0.55 毫克/千克；其次是界都乡，平均值为 0.53 毫克/千克；最低是西寨和沾尚镇，平均值为 0.33 毫克/千克。

（2）不同地形部位：沟谷、梁、峁、坡最高，为 0.46 毫克/千克；其次是山地、丘陵（中、下）部的缓坡地段，平均值为 0.43 毫克/千克；最低是河流一级、二级阶地，平均值为 0.40 毫克/千克。

（3）不同土壤类型：粗骨土最高，平均值为 0.46 毫克/千克；其次是褐土性土，平均值为 0.41 毫克/千克；最低是淋溶褐土，平均值为 0.36 毫克/千克。

## 二、分级论述

微量元素 Cu、Zn、Fe、Mn、B 在土壤中含量划分为 6 个级别。见表 3-24。

### （一）有效铜

Ⅰ级　有效铜含量大于 2.00 毫克/千克，面积为 9 412.51 亩，占总耕地面积的 2.39%。

Ⅱ级 有效铜含量为 1.51～2.00 毫克/千克，面积为 102 610.95 亩，占总耕地面积的 26.11%。

Ⅲ级 有效铜含量为 1.01～1.50 毫克/千克，面积为 218 746.21 亩，占总耕地面积的 55.65%

Ⅳ级 有效铜含量为 0.51～1.00 毫克/千克，面积为 62 282.88 亩，占总耕地面积的 15.85%。

Ⅴ级、Ⅵ级 全县无分布。

### （二）有效锰

Ⅰ级 有效锰含量大于等于 30 毫克/千克，全县无分布。

Ⅱ级 有效锰含量为 20.00～30.00 毫克/千克，面积为 1 282.15 亩，占总耕地面积的 0.29%。

Ⅲ级 有效锰含量为 15.00～20.00 毫克/千克，面积为 21 478.83 亩，占总耕地面积的 4.90%。

Ⅳ级 有效锰含量为 5.01～15.00 毫克/千克，面积为 413 190.43 亩，占总耕地面积的 94.33%。

Ⅴ级 Ⅵ级 全县无分布。

### （三）有效锌

Ⅰ级 有效锌含量大于 3.00 毫克/千克，面积为 1 037.90 亩，占总耕地面积的 0.23%。

Ⅱ级 有效锌含量为 1.51～3.00 毫克/千克，面积为 49 405.13 亩，占总耕地面积的 11.28%。

Ⅲ级 有效锌含量为 1.01～1.50 毫克/千克，面积为 237 174.89 亩，占总耕地面积的 54.14%。

Ⅳ级 有效锌含量为 0.51～1.00 毫克/千克，面积为 149 626.66 亩，占总耕地面积的 34.16%。

Ⅴ级 有效锌含量为 0.31～0.50 毫克/千克，面积为 751.31 亩，占总耕地面积的 0.17%。

Ⅵ级 全县无分布。

### （四）有效铁

Ⅰ级 有效铁含量大于 20.00 毫克/千克，面积为 1 467.19 亩，占总耕地面积的 0.33%。

Ⅱ级 有效铁含量为 15.01～20.00 毫克/千克，面积为 7 789.78 亩，占总耕地面积的 1.78%。

Ⅲ级 有效铁含量为 10.01～15.00 毫克/千克，面积为 120 531.51 亩，占总耕地面积的 27.52%。

Ⅳ级 有效铁含量为 5.01～10.00 毫克/千克，面积为 307 815.13 亩，占总耕地面积的 70.82%。

Ⅴ级　有效铁含量为 2.51～5.00 毫克/千克，面积为 392.28 亩，占耕地总面积的 0.89%。

Ⅵ级　有效铁含量小于等于 2.50 毫克/千克，全县无分布。

**（五）有效硼**

Ⅰ级　有效硼含量大于 2.00 毫克/千克，全县无分布。

Ⅱ级　有效硼含量为 1.51～2.00 毫克/千克，全县无分布。

Ⅲ级　有效硼含量为 1.01～1.50 毫克/千克，面积为 543.94 亩，占总耕地面积的 0.12%。

Ⅳ级　有效硼含量为 0.51～1.00 毫克/千克，面积为 74 024.65 亩，占总耕地面积的 16.90%。

Ⅴ级　有效硼含量为 0.21～0.50 毫克/千克，面积为 362 644.27 亩，占总耕地面积的 82.79%。

Ⅵ级　有效硼含量小于等于 0.20 毫克/千克，面积为 783.03 亩，占总耕地面积的 0.18%。

**表 3-24　昔阳县耕地土壤微量元素分级面积**

| 类别 | | Ⅰ | | Ⅱ | | Ⅲ | | Ⅳ | | Ⅴ | | Ⅵ | |
|---|---|---|---|---|---|---|---|---|---|---|---|---|---|
| | | 百分比（%） | 面积（亩） | 百分比（%） | 面积（亩） | 百分比（%） | 面积（亩） | 百分比（%） | 面积（亩） | 百分比（%） | 面积（亩） | 百分比（%） | 面积（亩） |
| 耕地土壤 | 有效铜 | 2.39 | 9 412.51 | 26.11 | 102 610.95 | 55.65 | 218 746.21 | 15.85 | 62 282.88 | 0 | 0 | 0 | 0 |
| | 有效锌 | 0.23 | 1 037.90 | 11.28 | 49 405.13 | 54.15 | 237 174.89 | 34.16 | 149 626.66 | 0.17 | 751.31 | 0 | 0 |
| | 有效铁 | 0.33 | 1 467.19 | 1.78 | 7 789.78 | 27.52 | 120 531.51 | 70.28 | 307 815.13 | 0.89 | 392.28 | 0 | 0 |
| | 有效锰 | 0 | 0 | 0.29 | 1 282.15 | 4.90 | 21 478.83 | 94.33 | 413 190.43 | 0.47 | 2 044.48 | 0 | 0 |
| | 有效硼 | 0 | 0 | 0 | 0 | 0.12 | 543.94 | 16.90 | 74 024.65 | 82.79 | 362 644.27 | 0.18 | 783.03 |

# 第五节　其他理化性状

## 一、土壤 pH

昔阳县耕地土壤 pH 变化范围为 6.12～8.51，平均值为 8.06。

（1）不同行政区域：赵壁乡 pH 平均值最高为 8.28；其次是东冶头镇，pH 平均值为 8.19；最低是西寨镇，pH 平均值为 7.50。

（2）不同地形部位：沟谷、梁、峁、坡和丘陵低山（中、下）部及坡麓平坦地平均值最高 pH 为 8.07；其次是河流一级、二级阶地，pH 平均值为 8.06；最低是山地、丘陵（中、下）部的缓坡地段，地面有一定的坡度，pH 平均值为 8.05。

(3) 不同土壤类型：粗骨土最高 pH 平均值为 8.13；其次是潮土，pH 平均值为 8.08；最低是淋溶褐土，pH 平均值为 7.81。

## 二、土壤容重

昔阳县耕地土壤容重变化范围为 1.09～1.52 克/立方厘米，平均值为 1.31 克/立方厘米。

(1) 不同地形部位：丘陵低山中下部最高，平均值为 1.38 克/立方厘米，其次是山地丘陵中下部的缓坡地段，平均值为 1.35 克/立方厘米；其余部位，平均值均为 1.31 克/立方厘米。

(2) 不同土壤类型：石灰性褐土最高，平均值为 1.37 克/立方厘米；其次是褐土性土，平均值为 1.33 克/立方厘米；其余平均值为 1.29 克/立方厘米。

## 三、耕层质地

土壤质地是土壤的重要物理性质之一，不同的质地对土壤肥力高低、耕性好坏、生产性能的优劣具有很大影响。

土壤质地也称土壤机械组成，指不同粒径在土壤中占有的比例组合。根据卡庆斯基质地分类，粒径大于 0.01 毫米为物理性沙粒，小于 0.01 毫米为物理性黏粒。根据其沙黏含量及其比例，主要可分为沙土、沙壤、轻壤、中壤、重壤、黏土 6 级。

昔阳县耕层土壤质地 91% 以上为轻壤、中壤、重壤，沙壤与黏土面积很少，见表 3-25。

表 3-25 昔阳县土壤耕层质地概况

| 质地类型 | 耕种土壤<br>（亩） | 占耕种土壤<br>（%） |
|---|---|---|
| 沙壤土 | 158 666.40 | 36.23 |
| 轻壤土 | 279 250.14 | 63.76 |
| 其 他 | 79.35 | 0.018 |
| 合 计 | 437 995.89 | 100.0 |

从表 3-25 可知，昔阳县轻壤土面积居首位，沙壤土占到昔阳县总耕地面积的 36.23%。其中，壤或轻壤（俗称绵土）物理性沙粒大于 55%，物理性黏粒小于 45%，沙黏适中，大小孔隙比例适当，通透性好，保水保肥，养分含量丰富，有机质分解快，供肥性好，耕作方便，通耕期早，耕作质量好，发小苗也发老苗。因此，一般壤质土水、肥、气、热比较协调，从质地上看，是农业上较为理想的土壤。

沙壤土占昔阳县耕地总面积的 2.68%，其物理性沙粒高达 80% 以上，土质较沙，疏松易耕，粒间孔隙度大，通透性好，但保水保肥性能差，抗旱力弱，供肥性差，前劲强后劲弱，发小苗不发老苗。

黏质土即重壤或黏土（俗称垆土），占昔阳县耕地总面积的 50.4％。其中，土壤物理性黏粒（<0.01 毫米）高达 45％以上，土壤黏重致密，难耕作，易耕期短，保肥性强，养分含量高，但易板结，通透性能差。土体冷凉坷垃多，不养小苗，易发老苗。

## 四、土体构型

土体构型是指整个土体各层次质地排列组合情况。它对土壤水、肥、气、热等各个肥力因素有制约和调节作用，特别对土壤水、肥储藏与流失有较大影响。因此，良好的土体构型是土壤肥力的基础。

昔阳县耕作的土体构型可概分两大类，即通体型和夹层型。其中，以通体壤质型面积最大，广泛分布于丘陵、二级阶地等，土体构型好。通体沙壤型或夹沙型主要分布于山前丘陵或低山区，该土易漏水漏肥，保肥性差，在施肥浇水上应小畦节浇，少吃多餐，是一种构型较差的土壤。通体黏质或夹黏型（蒙金型）主要分布在低山区、阶地及山前洪积扇、一级阶地处；通体黏质型虽然保水保肥性能强，土壤养分含量高，但由于土性冷凉，土质过垆，难于耕作，故发老苗不发小苗。"蒙金型"又称"绵盖垆"，该土上轻下重，上松下紧，易耕易种，心土层紧实致密，托水托肥，肥水不易渗漏，故既发小苗，又发老苗。所以，"蒙金型"是农业生产上最为理想的土体构型。

## 五、土壤结构

构成土壤骨架的矿物质颗粒，在土壤中并非彼此孤立、毫无相关的堆积在一起，而往往是受各种作物胶结成形状不同、大小不等的团聚体。各种团聚体和单粒在土壤中的排列方式称为土壤结构。

土壤结构是土体构造的一个重要形态特征。它关系着土壤水、肥、气、热状况的协调，土壤微生物的活动、土壤耕性和作物根系的伸展，是影响土壤肥力的重要因素。

昔阳县山地土壤由于有机质含量高，主要为团粒结构，粒径为 0.25～10 毫米，由腐殖质为成型动力胶结而成。团粒结构是良好的土壤结构类型，可协调土壤的水、肥、气、热状况。

昔阳县耕作土壤的有机质含量较少，土壤结构主要以土壤中碳酸钙胶结为主，水稳性团粒结构一般为 20％～40％。

昔阳县土壤的不良结构主要有：

**1. 板结** 昔阳县耕作土壤灌水或降水后表层板结现象较普遍，板结形成的原因是细黏粒含量较高，有机质含量少所致。板结是土壤不良结构的表现，它可加速土壤水分蒸发、土壤紧实，影响幼苗出土生长以及土壤的通气性能。改良办法应增加土壤有机质，雨后或浇灌后及时中耕破板，以利土壤疏松通气。

**2. 坷垃** 坷垃是在质地黏重的土壤上易产生的不良结构。坷垃多时，由于相互支撑，增大孔隙透风跑墒，促进土壤蒸发，并影响播种质量，造成露籽或压苗，或形成吊根，妨碍根系穿插。改良办法首先大量施用有机肥料和掺杂沙改良黏重土壤，其次应掌握宜耕期，及时进行耕耙，使其粉碎。

土壤结构是影响土壤孔隙状况、容重、持水能力、土壤养分等的重要因素，因此，创造和改善良好的土壤结构是农业生产上夺取高产稳产的重要措施。

## 六、土壤孔隙状况

土壤是多孔体，土粒、土壤团聚体之间以及团聚体内部均有孔隙。单位体积土壤孔隙所占的百分数，称土壤孔隙度，也称总孔隙度。

土壤孔隙的数量、大小、形状很不相同，它是土壤水分与空气的通道和储存所，它密切影响着土壤中水、肥、气、热等因素的变化与供应情况。因此，了解土壤孔隙大小、分布、数量和质量，在农业生产上有非常重要的意义。

土壤孔隙度的状况取决于土壤质地、结构、土壤有机质、土粒排列方式及人为因素等。黏土孔隙多而小，通透性差；沙质土孔隙少而粒间孔隙大，通透性强；壤土则孔隙大小比例适中。土壤孔隙可分3种类型：

**1. 无效孔隙**　孔隙直径小于 0.001 毫米，作物根毛难于伸入，为土壤结合水充满，孔隙中水分被土粒强烈吸附，故不能被植物吸收利用，水分不能运动也不通气，对作物来说是无效孔隙。

**2. 毛管孔隙**　孔隙直径为 0.001～0.1 毫米，具有毛管作用，水分可借毛管弯月面力保持贮存在内，并靠毛管引力向上下左右移动，对作物是最有效水分。

**3. 非毛细管孔隙**　即孔隙直径大于 0.1 毫米的大孔隙，不具毛管作用，不保持水分，为通气孔隙，直接影响土壤通气、透水和排水的能力。

土壤孔隙一般为 30%～60%，对农业生产来说，土壤孔隙以稍大于 50% 为好，要求无效孔隙尽量低些。非毛管孔隙应保持在 10% 以上，若小于 5% 则通气、渗水性能不良。

昔阳县耕层土壤总孔隙一般为 38.5%～58.5%。毛管孔隙一般为 41.9%～50.2%，非毛细管孔隙一般为 0.7%～16.6%，大小孔隙之比一般为 1：12.5，最大为 1：49，最小为 1：2.5。最适宜的大小孔隙之比为 1：（2～4）。因此，昔阳县土壤大部分通气性孔隙较低，土壤紧实，通气差。

# 第四章 耕地地力评价

## 第一节 耕地地力分级

### 一、面积统计

昔阳县耕地面积 43.8 万亩，绝大部分为旱地。按照地力等级的划分指标，通过对每个评价单元 IFI 值的计算，对照分级标准，确定每个评价单元的地力等级，汇总结果见表 4-1。

表 4-1 昔阳县耕地地力统计表

| 等 级 | 面 积（亩） | 所占比重（%） |
|---|---|---|
| 1 | 38 819.28 | 8.86 |
| 2 | 100 985.84 | 23.06 |
| 3 | 186 740.51 | 42.64 |
| 4 | 83 054.93 | 18.96 |
| 5 | 28 395.33 | 6.48 |
| 合计 | 437 995.89 | 100 |

### 二、地域分布

昔阳县耕地主要分布太行山西麓，域内松溪河、潇河、清漳河东源流域。

## 第二节 耕地地力等级分布

### 一、一 级 地

**（一）面积和分布**

本级耕地主要分布在昔阳县的松溪河、潇河、清漳河东源流域沿河灌溉区平川地块。面积为 38 819.28 亩，占全县总耕地面积的 8.86%。

**（二）主要属性分析**

松溪河、潇河、清漳河东源流域汇流处位于昔阳县的中心腹地，县城所在地，是昔阳县政治、经济、文化和交通中心。本级耕地土地平坦，土壤包括潮土、粗骨土、褐土性土、淋溶褐土、盐化潮土 5 个亚类，成土母质为洪积物，地面坡度为 2°～5°，耕层质地为多为沙壤土、轻壤土，土壤质地疏松软绵，有"海绵田"之称，耕层厚度为 20.00 厘米，

pH 的变化范围为 6.12～8.31，平均值为 7.93，地势平缓，无侵蚀，保水，地下水位浅且水质良好，地面平坦，园田化水平高。

本级耕地土壤有机质平均含量 17.57 克/千克，属省三级水平，比全县平均含量稍高；有效磷平均含量为 14.65 毫克/千克，属省四级水平，比全县平均含量高 3.50 毫克/千克，速效钾平均含量为 159.35 毫克/千克，比全县高 14.82 毫克/千克，全氮平均含量为 0.93 克/千克，中量元素有效硫比全县平均含量高，微量元素硼、锌偏低。详见表 4-2。

该级耕地农作物生产历来水平较高，从农户调查表来看，玉米亩产 500 千克以上，效益显著。

表 4-2　一级地土壤养分统计表

| 项　目 | 平均值 | 最大值 | 最小值 | 标准差 | 变异系数 |
|---|---|---|---|---|---|
| 有机质（克/千克） | 17.57 | 44.85 | 5.34 | 4.64 | 0.26 |
| 有效磷（毫克/千克） | 14.65 | 24.72 | 6.42 | 3.30 | 0.23 |
| 速效钾（毫克/千克） | 159.35 | 38.42 | 92.25 | 37.72 | 0.24 |
| pH | 7.93 | 8.31 | 6.12 | 0.33 | 0.04 |
| 缓效钾（毫克/千克） | 598.91 | 1 027.36 | 292.67 | 103.63 | 0.17 |
| 全氮（克/千克） | 0.93 | 1.57 | 0.39 | 0.19 | 0.21 |
| 有效硫（毫克/千克） | 32.67 | 93.35 | 8.44 | 14.34 | 0.44 |
| 有效锰（毫克/千克） | 9.26 | 21.39 | 4.03 | 2.69 | 0.29 |
| 有效硼（毫克/千克） | 0.39 | 1.12 | 0.14 | 0.11 | 0.27 |
| 有效铁（毫克/千克） | 8.61 | 17.67 | 4.88 | 1.35 | 0.16 |
| 有效铜（毫克/千克） | 1.24 | 2.17 | 0.61 | 0.31 | 0.25 |
| 有效锌（毫克/千克） | 1.05 | 2.30 | 0.42 | 0.23 | 0.22 |

**（三）主要存在问题**

一是土壤肥力与高产高效的需求仍不适应；二是部分区域地下水资源贫乏，水位持续下降，更新深井，加大了生产成本，化肥施用量不断提升，有机肥施用不足，引起土壤板结，土壤团粒结构分配不合理。影响土壤环境质量的障碍因素是城郊的极个别菜地污染。尽管国家有一系列的种粮政策，但最近几年农资价格的飞速猛长，使农民的种粮积极性严重受挫，对土壤进行粗放式管理。

**（四）合理利用**

本级耕地在利用上应从主攻大力发展设施农业，加快蔬菜生产发展。突出区域特色经济作物等产业的开发。

## 二、二　级　地

**（一）面积与分布**

本级耕地在昔阳县 12 个乡（镇）均有分布，面积为 100 985.84 亩，占总耕地面积的 23.06%。

### (二) 主要属性分析

本级耕地包括潮土、粗骨土、褐土性土、淋溶褐土、盐化潮土5个亚类，成土母质为洪积物、黄土母质，质地多为沙壤土、轻壤土，灌溉保证率较为充足，地面平坦，地面坡度2°~8°，园田化水平高。耕层厚度为20.00厘米。本级土壤pH为6.12~8.51。

本级耕地土壤有平均机质平均含量16.53克/千克，属省三级水平；有效磷平均含量为11.81毫克/千克，属省四级水平；速效钾平均含量为148.35毫克/千克，属省四级水平；全氮平均含量为0.92克/千克，属省四级水平。详见表4-3。

**表4-3 二级地土壤养分统计表**

| 项　目 | 平均值 | 最大值 | 最小值 | 标准差 | 变异系数 |
|---|---|---|---|---|---|
| 有机质（克/千克） | 16.53 | 52.78 | 4.45 | 4.53 | 0.27 |
| 有效磷（毫克/千克） | 11.81 | 26.47 | 2.73 | 4.30 | 0.36 |
| 速效钾（毫克/千克） | 148.35 | 314.80 | 84.51 | 38.61 | 0.26 |
| pH | 8.03 | 8.51 | 6.12 | 0.30 | 0.04 |
| 缓效钾（毫克/千克） | 566.99 | 1 013.32 | 235.34 | 123.50 | 0.22 |
| 全氮（克/千克） | 0.92 | 1.49 | 0.40 | 0.19 | 0.20 |
| 有效硫（毫克/千克） | 31.34 | 96.67 | 7.84 | 13.60 | 0.43 |
| 有效锰（毫克/千克） | 10.39 | 23.68 | 4.15 | 2.93 | 0.28 |
| 有效硼（毫克/千克） | 0.41 | 1.14 | 0.16 | 0.12 | 0.30 |
| 有效铁（毫克/千克） | 9.18 | 28.52 | 4.39 | 2.38 | 0.26 |
| 有效铜（毫克/千克） | 1.32 | 2.39 | 0.54 | 0.29 | 0.22 |
| 有效锌（毫克/千克） | 1.13 | 4.11 | 0.37 | 0.33 | 0.29 |

本级耕地所在区域，为深井灌溉区，是昔阳县的主要粮、果、菜区，蔬菜和水果的经济效益较高，粮食生产处于全县上游水平，玉米近3年平均亩产480千克，是昔阳县重要的粮食商品生产基地。

### (三) 主要存在问题

盲目施肥现象严重，有机肥施用量少，由于产量高造成土壤肥力下降，农产品品质降低。

### (四) 合理利用

应"用养结合"，培肥地力为主，一是合理布局，实行轮作，倒茬，尽可能做到须根与直根、深根与浅根、豆科与禾本科、高秆与矮秆作物轮作，使养分调剂，余缺互补；二是推广玉米秸秆还田，提高土壤有机质含量；三是推广测土配方施肥技术，建设高标准农田。

## 三、三 级 地

### (一) 面积与分布

本级耕地在昔阳县12个乡（镇）均有分布，面积为186 740.51亩，占总耕地面积的42.64%，是昔阳县面积最大的一个级别。

## （二）主要属性分析

耕地包括潮土、粗骨土、淋溶褐土、盐化潮土和褐土性土 5 个亚类，成土母质为黄土母质，耕层质地为沙壤土、轻壤土，土层深厚，耕层厚度为 20.00 厘米。灌溉保证率为基本满足，地面基本平坦，地面坡度为 8°，园田化水平较高。本级的 pH 变化范围为 6.12～8.46，平均值为 8.09。

本级耕地土壤有平均机质平均含量 16.11 克/千克，属省三级水平；有效磷平均含量为 10.70 毫克/千克，属省四级水平；速效钾平均含量为 138.77 毫克/千克，属省四级水平；全氮平均含量为 0.90 克/千克，属省四级水平。详见表 4-4。

表 4-4　三级地土壤养分统计

| 项　目 | 平均值 | 最大值 | 最小值 | 标准差 | 变异系数 |
|---|---|---|---|---|---|
| 有机质（克/千克） | 16.11 | 50.80 | 4.17 | 4.13 | 0.26 |
| 有效磷（毫克/千克） | 10.70 | 21.09 | 4.62 | 2.40 | 0.22 |
| 速效钾（毫克/千克） | 138.77 | 321.18 | 87.09 | 24.59 | 0.18 |
| pH | 8.09 | 8.46 | 6.12 | 0.21 | 0.87 |
| 缓效钾（毫克/千克） | 559.63 | 999.28 | 264.00 | 104.59 | 0.19 |
| 全氮（克/千克） | 0.90 | 1.57 | 0.32 | 0.19 | 0.21 |
| 有效硫（毫克/千克） | 30.87 | 218.46 | 10.81 | 14.18 | 0.46 |
| 有效锰（毫克/千克） | 10.72 | 21.85 | 4.15 | 2.23 | 0.21 |
| 有效硼（毫克/千克） | 0.41 | 1.00 | 0.21 | 0.09 | 0.22 |
| 有效铁（毫克/千克） | 8.92 | 24.55 | 3.66 | 1.80 | 0.20 |
| 有效铜（毫克/千克） | 1.32 | 2.66 | 0.61 | 0.29 | 0.22 |
| 有效锌（毫克/千克） | 1.12 | 4.94 | 0.47 | 0.29 | 0.26 |

本级所在区域，粮食生产水平较高，据调查统计，玉米平均亩产 450 千克以上，效益较好。

## （三）主要存在问题

本级耕地的微量元素硼、铁等含量偏低。

## （四）合理利用

科学种田。本区农业生产水平属中上，粮食产量高，就土壤、水利条件而言，并没有充分显示出高产性能。因此，应采用先进的栽培技术，如选用优种、科学管理、平衡施肥等，施肥上应多喷一些硫酸铁、硼砂、硫酸锌等，充分发挥土壤的丰产性能，夺取各种作物高产。

作物布局。本区今后应在种植业发展方向上主攻优质玉米生产的同时，抓好无公害果树的生产。

# 四、四 级 地

## （一）面积与分布

本级耕地主要零星分布在昔阳县 12 个乡（镇）的二级阶地上，是昔阳县的中产田，面积为83 054.93亩，占总耕地面积的18.96%。

## （二）主要属性分析

该土地分布范围较大，土壤类型复杂，包括潮土、粗骨土、淋溶褐土、盐化潮土和褐土性土等，成土母质黄土母质，耕层土壤质地差异较大，为沙壤土、轻壤土，耕层厚度为20.00厘米。地面基本平坦，地面坡度8°～15°，园田化水平较高。本级土壤pH为6.12～8.46，平均值为8.07。

本级耕地土壤有平均机质平均含量15.91克/千克，属省三级水平；有效磷平均含量为10.61毫克/千克，属省四级水平；速效钾平均含量为146.02毫克/千克，属省四级水平；全氮平均含量为0.90克/千克，属省四级水平；有效硼平均含量为0.43毫克/千克，属省五级水平，有效铁为9.08毫克/千克，属省四级水平；有效锌为1.14克/千克，属省三级水平；有效锰平均含量为10.20毫克/千克，属省四级水平，有效硫平均含量为31.44毫克/千克，属省四级水平。详见表4-5。

### 表4-5　四级地土壤养分统计表

| 项　目 | 平均值 | 最大值 | 最小值 | 标准差 | 变异系数 |
|---|---|---|---|---|---|
| 有机质（克/千克） | 15.91 | 52.78 | 4.82 | 4.27 | 0.27 |
| 有效磷（毫克/千克） | 10.614 2 | 31.951 4 | 3.297 7 | 3.739 1 | 0.352 2 |
| 速效钾（毫克/千克） | 146.022 0 | 308.422 5 | 71.599 | 36.820 3 | 0.252 2 |
| pH | 8.073 4 | 8.463 8 | 6.12 | 0.273 7 | 0.033 9 |
| 缓效钾（毫克/千克） | 562.029 6 | 1041.403 3 | 235.339 | 120.017 9 | 0.213 5 |
| 全氮（克/千克） | 0.90 | 1.57 | 0.32 | 0.19 | 0.22 |
| 有效硫（毫克/千克） | 31.442 2 | 106.76 | 9.625 1 | 13.954 7 | 0.443 8 |
| 有效锰（毫克/千克） | 10.198 8 | 20.00 | 3.667 9 | 2.572 6 | 0.252 2 |
| 有效硼（毫克/千克） | 0.426 7 | 1.094 1 | 0.193 1 | 0.118 9 | 0.278 6 |
| 有效铁（毫克/千克） | 9.082 7 | 27.955 4 | 3.540 9 | 2.086 3 | 0.229 7 |
| 有效铜（毫克/千克） | 1.296 7 | 2.657 3 | 0.673 4 | 0.278 7 | 0.214 9 |
| 有效锌（毫克/千克） | 1.143 8 | 4.939 1 | 0.398 7 | 0.336 8 | 0.294 5 |

主要种植作物以玉米、杂粮为主，玉米平均亩产量为400千克，杂粮平均亩产150千克以上，均处于昔阳县的中等水平。

## （三）主要存在问题

一是灌溉条件较差，干旱较为严重；二是本级耕地的中量元素镁、硫偏低，微量元素的硼、铁、锌偏低，今后在施肥时应合理补充。

## （四）合理利用

平衡施肥。中产田的养分失调，大大地限制了作物增产。因此，要在不同区域人中产田上，大力推广平衡施肥技术，进一步提高耕地的增产潜力。

# 五、五级地

## （一）面积与分布

本级耕地零星分布在昔阳县12个乡（镇），其中皋落、孔氏、李家庄、阎庄、西寨等乡（镇）少量分布。面积为 28 395.33 亩，占总耕地面积的 6.48%。

**（二）主要属性分析**

该区域多为丘陵，土壤多为潮土、粗骨土、淋溶褐土、盐化潮土和褐土性土亚类。成土母质为坡积物、黄土母质，耕层质地为沙壤土、轻壤土，地面坡度为 15°～25°。耕层厚度为 20.00 厘米。基本无灌溉条件，pH 为 6.59～8.46，平均为 8.14。

本级耕地土壤有平均机质平均含量 16.07 克/千克，有效磷平均含量为 9.72 毫克/千克，均属省五级水平，速效钾平均含量为 144.98 毫克/千克，属省四级水平；全氮平均含量为 0.90 克/千克，属省四级水平；微量元素锌、铜属省三级水平；硼省五级、铁、硫、锰属省四级水平。详见表 4-6。

**表 4-6　五级地土壤养分统计表**

| 项　目 | 平均值 | 最大值 | 最小值 | 标准差 | 变异系数 |
|---|---|---|---|---|---|
| 有机质（克/千克） | 16.07 | 52.78 | 4.72 | 3.81 | 0.24 |
| 有效磷（毫克/千克） | 9.722 4 | 22.74 | 3.108 6 | 3.273 5 | 0.336 7 |
| 速效钾（毫克/千克） | 144.978 6 | 308.422 5 | 79.344 7 | 33.204 5 | 0.229 0 |
| pH | 8.137 7 | 8.463 8 | 6.588 8 | 0.210 6 | 0.025 9 |
| 缓效钾（毫克/千克） | 561.192 6 | 985.242 | 244.894 | 114.616 3 | 0.204 2 |
| 全氮（克/千克） | 0.90 | 1.51 | 0.38 | 0.18 | 0.20 |
| 有效硫（毫克/千克） | 31.651 4 | 106.76 | 12.00 | 15.590 0 | 0.492 6 |
| 有效锰（毫克/千克） | 10.468 9 | 24.603 3 | 4.757 8 | 2.371 3 | 0.226 5 |
| 有效硼（毫克/千克） | 0.438 6 | 1.094 1 | 0.193 1 | 0.124 4 | 0.283 5 |
| 有效铁（毫克/千克） | 9.163 6 | 27.955 4 | 5.00 | 1.953 7 | 0.213 2 |
| 有效铜（毫克/千克） | 1.307 4 | 2.387 6 | 0.673 4 | 0.263 4 | 0.201 5 |
| 有效锌（毫克/千克） | 1.131 2 | 3.699 | 0.462 | 0.305 1 | 0.269 7 |

种植作物以杂粮为主，据调查统计，平均亩产 300 千克，效益较好。

**（三）主要存在问题**

耕地土壤养分中量，微量元素为中等偏下，地下水位较深，浇水困难。

**（四）合理利用**

改良土壤，主要措施是除增施有机肥、秸秆还田外，还应种植苜蓿、豆类等养地作物，通过轮作倒茬，改善土壤理化性质；在施肥上除增加农家肥施用量外，应多施氮肥，平衡施肥，搞好土壤肥力协调，丘陵区整修梯田，培肥地力，防蚀保土，建设高产基本农田。

昔阳县不同乡（镇）不同等级耕地数量统计见表 4-7。

**表 4-7　不同乡（镇）不同等级耕地数量统计表**

| 乡（镇） | 一级（亩） | 百分比（%） | 二级（亩） | 百分比（%） | 三级（亩） | 百分比（%） | 四级（亩） | 百分比（%） | 五级（亩） | 百分比（%） |
|---|---|---|---|---|---|---|---|---|---|---|
| 乐　平 | 7 911.13 | 1.81 | 12 001.55 | 2.74 | 27 110.65 | 6.19 | 5 099.74 | 1.16 | 1 757.15 | 0.40 |
| 大　寨 | 1 786.75 | 0.41 | 10 345.53 | 2.36 | 21 373.24 | 4.88 | 12 397.60 | 2.83 | 2 760.02 | 0.63 |

（续）

| 乡（镇） | 一 级（亩） | 百分比（%） | 二 级（亩） | 百分比（%） | 三 级（亩） | 百分比（%） | 四 级（亩） | 百分比（%） | 五 级（亩） | 百分比（%） |
|---|---|---|---|---|---|---|---|---|---|---|
| 东冶头 | 3 295.87 | 0.75 | 5 835.64 | 1.33 | 12 956.99 | 2.96 | 5 437.95 | 1.24 | 2 802.10 | 0.64 |
| 皋 落 | 975.91 | 0.22 | 11 274.18 | 2.57 | 17 345.74 | 3.96 | 8 588.03 | 1.96 | 1 047.93 | 0.24 |
| 沾 尚 | 5 255.50 | 1.2 | 9 419.23 | 2.15 | 8 668.07 | 1.98 | 10 081.52 | 2.30 | 2 570.15 | 0.59 |
| 赵 璧 | 3 515.40 | 0.80 | 21 248.55 | 4.85 | 32 704.07 | 7.47 | 15 812.49 | 3.61 | 9 449.77 | 2.16 |
| 孔 氏 | 1 215.22 | 0.28 | 4 542.05 | 1.04 | 4 751.29 | 1.04 | 2 968.82 | 0.67 | 549.22 | 0.13 |
| 界 都 | 2 410.60 | 0.55 | 10 041.66 | 2.29 | 10 956.62 | 2.50 | 12 160.45 | 2.78 | 3 506.21 | 0.80 |
| 李家庄 | 66.28 | 0.015 | 1 393.35 | 0.32 | 20 046.18 | 4.58 | 1 618.10 | 0.37 | 128.40 | 0.029 |
| 阎 庄 | 5 466.37 | 1.25 | 5 640.25 | 1.29 | 20 883.32 | 4.77 | 1 556.89 | 0.36 | 246.40 | 0.056 |
| 西 寨 | 6 553.89 | 1.50 | 5 300.38 | 1.21 | 467.44 | 0.11 | 2 683.10 | 0.65 | 59.16 | 0.014 |
| 三 都 | 366.81 | 0.084 | 943.47 | 0.22 | 9 476.90 | 2.16 | 4 650.24 | 1.06 | 3 518.82 | 0.80 |
| 合 计 | 38 819.28 | 8.86 | 100 985.84 | 23.06 | 186 740.51 | 42.64 | 83 054.93 | 18.96 | 28 395.33 | 6.48 |

# 第五章　中低产田类型分布及改良利用

## 第一节　中低产田类型及分布

昔阳县耕地面积为 437 995.89 亩，占全县总面积的 14.94％。其中，沟谷、梁、峁、坡面积为 17 314.54 亩，占耕地面积的 3.95％；河流一级、二级阶地面积 111 687.94 亩，占耕地面积的 25.50％；丘陵低山中、下部及坡麓平坦地面积为 252 633.82 亩，占耕地面积的 57.68％；山地、丘陵（中、下）部的缓坡地段，地面有一定的坡度地面积为 56 359.59 亩，占耕地面积的 12.87％。

中低产田是指存在各种制约农业生产的土壤障碍因素，产量相对低而不稳定的耕地。

通过对全县耕地地力状况的调查，根据土壤主导障碍因素的改良主攻方向，依据中华人民共和国农业部发布的行业标准 NY/T 310—1996，引用晋中市耕地地力等级划分标准，结合实际进行分析，昔阳县中低产田包括如下两个类型：坡地梯改型、瘠薄培肥型。中低产田面积为 362 246.91 亩，占总耕地面积的 82.71％。各类型面积情况统计见表 5-1。

表 5-1　昔阳县中低产田各类型面积情况统计表

| 类　型 | 面积（亩） | 占总耕地面积（％） | 占中低产田面积（％） |
|---|---|---|---|
| 坡地梯改型 | 139 805.12 | 31.92 | 25.40 |
| 瘠薄培肥型 | 222 441.79 | 50.79 | 74.60 |
| 合　计 | 362 246.91 | 82.71 | 100.00 |

## 一、坡地梯改型

坡地梯改型是指主导障碍因素为土壤侵蚀，以及与其相关的地形，地面坡度、土体厚度，土体构型与物质组成，耕作熟化层厚度与熟化程度等，需要通过修筑梯田埂等田间水保工程加以改良治理的坡耕地。

昔阳县坡地梯改型中低产田面积为 13.98 万亩，占总耕地面积的 31.92％。主要分布于全县山坡、二坡地、丘陵以及山麓的（中、下）部和沟谷等地，地块破碎，地面起伏，坡度较大，水土流失较重，土体干旱缺水，地力差，耕作粗放。

## 二、瘠薄培肥型

瘠薄培肥型是指受气候、地形条件限制，造成干旱、缺水、土壤养分含量低、结构不良、投肥不足、产量低于当地高产农田，只能通过连年深耕、培肥土壤、改革耕作制度，推广旱农技术等长期性的措施逐步加以改良的耕地。

昔阳县瘠薄培肥型中低产田面积为 22.24 万亩，占总耕地面积的 50.79%。主要分布于全县距离村子较远的川坪地、沟坪地等，耕作管理粗放。

## 第二节　生产性能及存在问题

### 一、坡地梯改型

该类型区地面坡度 0°～21°，以中度侵蚀为主，园田化水平较低，土壤类型为潮土、粗骨土、褐土性土、淋溶褐土、盐化潮土，土壤母质为黄土母质，耕层质地为沙壤土、轻壤土，耕层厚度 20 厘米，地力等级多为三级，耕地土壤有机质含量 6.34 克/千克，全氮 0.38 克/千克，有效磷 12.33 毫克/千克，速效钾 148.10 毫克/千克。存在的主要问题是土质粗劣，水土流失比较严重，土体发育微弱，土壤干旱瘠薄、耕层浅。

### 二、瘠薄培肥型

该类型区域土壤轻度侵蚀或中度侵蚀，多数为旱耕地，高水平梯田和缓坡梯田居多，土壤类型是潮土、粗骨土、褐土性土、淋溶褐土、盐化潮土，成土母质为黄土母质、坡积物，各种地形，耕层质地为沙壤土、轻壤土，地面坡度为 0°～20°耕层厚度 20 厘米，地力等级为 3～5 级，耕层养分含量有机质 5.61 克/千克，全氮 0.34 克/千克，有效磷 10.02 毫克/千克，速效钾 139.73 毫克/千克。存在的主要问题是田面不平，水土流失严重，干旱缺水，土质粗劣，肥力较差。

昔阳县中低产田各类型土壤养分含量平均值情况统计见表 5-2。

表 5-2　昔阳县中低产田各类型土壤养分含量平均值情况统计

| 类　型 | 有机质<br>（克/千克） | 全氮<br>（克/千克） | 有效磷<br>（毫克/千克） | 速效钾<br>（毫克/千克） |
|---|---|---|---|---|
| 瘠薄培肥型 | 52.78 | 0.90 | 10.02 | 139.73 |
| 坡地梯改型 | 50.80 | 0.90 | 12.33 | 148.10 |
| 总计平均值 | 51.79 | 0.90 | 10.57 | 141.73 |

## 第三节　改良利用措施

昔阳县中低产田面积 36.22 万亩，占现有耕地的 82.71%。严重影响全县农业生产的发展和农业经济效益，应因地制宜进行改良。

总体上讲，中低产田的改良、耕作、培肥是一项长期而艰巨的任务。通过工程、生物、农艺、化学等综合措施，消除或减轻中低产田土壤限制农业产量提高的各种障碍因素，提高耕地基础地力，其中耕作培肥对中低产田的改良效果是极其显著的。具体措施如下：

**1. 施有机肥** 增施有机肥，增加土壤有机质含量，改善土壤理化性状并为作物生长提供部分营养物质。据调查，有机肥的施用量达到每年 2 000～3 000 千克/亩，连续施用3 年，可获得理想效果。主要通过秸秆还田和施用堆肥厩肥、人粪尿及禽畜粪便来实现。

**2. 校正施肥** 依据当地土壤实际情况和作物需肥规律选用合理配比，有效控制化肥不合理施用对土壤性状的影响，达到提高农产品品质的目的。

（1）巧施氮肥：速效性氮肥极易分解，通常施入土壤中的氮素化肥的利用率只有25％～50％，或者更低。这说明施入土壤中的氮素，挥发渗漏损失严重。所以，在施用氮素化肥时，一定注意施肥方法、施肥量和施肥时期，提高氮肥利用率，减少损失。

（2）重施磷肥：本区地处黄土高原，属石灰性土壤。土壤中的磷常被固定，而不能发挥肥效。加上部分群众重氮轻磷，作物吸收的磷得不到及时补充。试验证明，在缺磷土壤上增施磷肥增产效果明显。可以增施人粪尿与骡马粪堆沤肥，其中的有机酸和腐殖酸能促进非水溶性磷的溶解，提高磷素的活力。

（3）因地施用钾肥：本区土壤中钾的含量虽然在短期内不会成为限制农业生产的主要因素，但随着农业生产进一步发展和作物产量的不断提高，土壤中的有效钾的含量也会处于不足状态，所在在生产中，应定期监测土壤中钾的动态变化，及时补充钾素。

（4）重视施用微肥。作物对微量元素肥料需要量虽然很小，但能提高产品产量和品质，有其他大量元素不可替代的作用。据调查，全县土壤硼、锌、锰、铁等含量均不高，近年来棉花施硼，玉米、小麦施锌试验，增产效果均很明显。

然而，不同的中低产田类型有其自身的特点，在改良利用中应针对这些特点，采取相应的措施，现分述如下：

## 一、坡地梯改型中低产田的改良利用

**1. 梯田工程** 此类地形区的深厚黄土层为修建水平梯田创造了条件。梯田可以减少坡长，使地面平整，变降雨的坡面径流为垂直入渗，防止水土流失，增强土壤水分储备和抗旱能力，可采用缓坡修梯田，陡坡种林，增加地面覆盖度。

**2. 增加梯田土层及耕作熟化层厚度** 新建梯田的土层厚度相对较薄，耕作熟化程度较低。梯田土层厚度及耕作熟化层厚度的增加是这类田地改良的关键。梯田土层厚度的一般标准为：土层厚大于 80 厘米，耕作熟化层大于 20 厘米，有条件的应达到土层厚大于100 厘米，耕作熟化层厚度大于 25 厘米。

**3. 农、林、牧并重** 此类耕地今后的利用方向应是农、林、牧并重，因地制宜，全面发展。此类耕地应发展种草、植树，扩大林地和草地面积，促进养殖业发展，将生态效益和经济效益结合起来，如实行农（果）林复合农业。

## 二、瘠薄培肥型中低产田的改良利用

**1. 平整土地与条田建设** 将平坦垣面及缓坡地规划成条田，平整土地，以蓄水保墒。有条件的地方，开发利用地下水资源和引水上垣，逐步扩大垣面水浇地面积。通过水土保持和提高水资源开发水平，发展粮果生产。

**2. 实行水保耕作法**　在平川区推广地膜覆盖、生物覆盖等旱农技术：山地、丘陵推广丰产沟田或者其他高秆作物及种植制度和地膜覆盖、生物覆盖等旱农技术，有效保持土壤水分，满足作物需求，提高作物产量。

**3. 大力兴建林带植被**　因地制宜地造林、种草与农作物种植有效结合，兼顾生态效益和经济效益，发展复合农业。

# 第六章 土壤质量状况及培肥对策（玉米）

## 第一节 土壤质量状况

### 一、立地条件

玉米作物在昔阳县农业生产中占有举足轻重的地位，受温带、暖温带半干旱大陆性季风气候的影响，气候四季分明，冬季严寒，夏季炎热，春秋温暖。雨量分布不均，极易发生洪、旱灾害，年平均气温 9.85℃，≥10℃积温 3 330.4℃，降水量为 488.5 毫米。

昔阳县受季节性降雨作用影响，土壤多为石灰性褐土、淋溶褐土和褐土性土。质地多为壤质土，土体结构良好，pH 一般为 7.09～8.1。

成土母质主要有黄土母质、坡积物、洪积物。

30 年来，由于煤炭开采导致地下水严重渗漏，工农业生产及居民生活大量抽取地下水，使昔阳的地下水不仅储量减少，且水位下降。全县 1980—2000 年多年平均地下水资源量 9 429 万立方米，其中，孔隙—裂隙水 4 352 万立方米，占 46.2%，岩溶水 5 077 万立方米，占 53.8%。

2004 年勘察，昔阳的地下水储量只有年 0.96 亿立方米，比 1981 年减少 57.3%。4 个产煤乡（镇）几乎没有浅层地下水可供开采。2010 年勘察，全县的地下水资源量为 0.97 亿立方米。昔阳的地下水主要储藏于 6 个含水构造系统。受地质结构的影响，昔阳县地下水可划分为以下几个不同的单元：

**1. 滹沱群变质砂岩、板岩、安山岩及闪长岩裂隙水含水岩系** 主要分布于孔氏乡，储水面积约 36 平方千米。地下水类型以风化裂隙水为主，补给来源主要靠大气降水，受雨季影响明显。这些储水地段没有统一的区域水位，一般水位较浅，水量不大。泉水涌流量每小时 0.03～10 立方米，井水涌流量每小时 0.02～30 立方米。

**2. 震旦系石英砂岩裂隙水含水岩系** 主要分布在孔氏乡及东冶头、民安、皋落、库城、水峪一带，面积约 300 平方千米。岩层裂隙密集的地方有藏水外泄。化学类型属碳酸钙型，矿化度小于每升 0.5 克。

**3. 寒武—奥陶系灰岩、白云岩岩溶裂隙水系** 分布于东冶头至水深大背斜轴两侧，面积约 264 平方千米。水位大部为 100～400 米，补给来源主要靠大气降水，单井出水每小时 10～30 立方米。化学类型为钙、镁、钠的碳酸盐，矿化度小于每升 0.5 克，局部地区达 1 克。

**4. 石炭系层间灰岩岩溶裂隙水** 分布于县城周围及李家庄、大寨、三都有煤的乡（镇），面积约 112 平方千米。含水层为煤层中层间夹层灰岩，水源补给较好。水位埋深原来只有 50～100 米，由于煤炭开采，导致水位大大下降。化学类型为钙、镁、钠的碳酸盐和硫酸盐。矿化度每升 0.5～2 克，属硬水范围。

**5. 二三叠砂页岩层间隙裂隙水含水岩系** 主要分布在乐平镇西部至沾尚镇、西寨乡一带，面积约 654 平方千米。水层集中于平缓波状起伏的向背斜构造中，在裂隙密集处有泉水外泄，但很难找到主泉眼。补给来源主要靠大气降水，因而受季节影响较大。该区域地下水的化学类型为碳酸钙型，矿化度小于每升 0.5 克。

**6. 第四系沙砾石孔隙水含水岩系** 主要分布于松溪河、潇河、清漳河及其支流河谷中，皋落、库城一带的山间小盆地也有分布。潇河、清漳河的地下含水层主要分布于河床一级阶地上，宽为 200～500 米，水位为 0～3 米，沙砾石厚为 3～7 米，含水比较丰富。松溪河流域出露地层不一，含水性差异很大。县城以上的乐平河、巴州河、洪水河、杜庄河的地下水主要靠大气降水和夏季洪水及两岸基岩裂隙水补给，因而含水丰富，埋藏较浅。县城东支流汇合处到东固壁河段，河岸、河底均为透水的寒武—奥陶系石灰岩，区域水位深，含水性能差。东固壁至静阳河段、丁峪至王寨河段基底不透水，补给充足，含有丰富的潜水。皋落、库城一带的冰川山间盆地基底相对隔水，地形四周高，易于接受大气降水补给。因此，含有较丰富的松散层孔隙水。矿化度低于每升 1 克。

（1）黄土空隙水：主要分布于昔阳县东南山区。

（2）盆地地下水：主要分布于昔阳断陷盆地东南边缘，即昔阳县西北部平川县镇。

（3）煤系地层裂隙水：是东南山区的主要地下水源。

（4）山间河谷空隙水：主要分布于河谷两侧的河漫滩地带。

昔阳县日照时数较长，昼夜温差较大，有利于玉米作物生长。

# 二、养分状况

玉米地土壤的养分状况直接影响其品质和产量，从而对农民收入造成一定的影响，土壤养分含量在玉米生长发育过程中，有着重要的作用。对昔阳县 3 500 个土壤采样点的土壤养分进行了分析，具体如下：

## （一）不同行政区域玉米地土壤养分状况

由于地理位置、环境条件、耕作方式和管理水平的不同，各行政区域土壤养分测定差异较大，见表 6-1。

表 6-1 不同行政区域玉米地土壤主要养分结果统计

| 乡（镇）代码 | 有机质（克/千克） | 有效磷（毫克/千克） | 速效钾（毫克/千克） |
|---|---|---|---|
| 乐 平 | 13.79 | 10.06 | 119.64 |
| 大 寨 | 14.75 | 9.89 | 133.00 |
| 东冶头 | 19.64 | 13.08 | 153.04 |
| 皋 落 | 16.63 | 8.40 | 135.07 |
| 沾 尚 | 11.90 | 12.15 | 184.91 |

（续）

| 乡（镇）代码 | 有机质（克/千克） | 有效磷（毫克/千克） | 速效钾（毫克/千克） |
|---|---|---|---|
| 赵 璧 | 16.67 | 9.26 | 143.53 |
| 孔 氏 | 18.92 | 15.34 | 140.11 |
| 界 都 | 18.41 | 12.28 | 170.33 |
| 李家庄 | 20.29 | 9.60 | 137.11 |
| 阎 庄 | 16.46 | 13.45 | 133.90 |
| 西 寨 | 19.93 | 15.87 | 180.50 |
| 三 都 | 18.71 | 10.76 | 136.31 |

从养分测定结果看，昔阳县耕地土壤有机质平均含量为 16.27 克/千克，全氮平均含量为 0.91 克/千克，有效磷平均含量为 11.2 毫克/千克，缓效钾平均含量为 565 毫克/千克，速效钾平均含量为 145 毫克/千克，有效铜平均含量为 1.31 毫克/千克，有效锌平均含量为 1.12 毫克/千克，有效硼平均含量为 0.41 毫克/千克，有效铁平均含量为 9.00 毫克/千克，有效锰平均含量为 10.40 毫克/千克，有效硫平均含量为 31.30 毫克/千克。

从测定结果看，昔阳县玉米土壤养分分布不均，地力差异较大。乐平、大寨、沾尚等乡（镇）土壤养分总体上表现为氮肥较低，大寨、皋落、赵壁、李家庄等乡（镇）磷养分含量普遍偏低，这与农民施肥习惯有很大的关系，与全省土壤肥力分类标准相比，昔阳县土壤养分情况总体可概括为：氮中、钾高、磷低，氮磷钾比例不协调。

**（二）不同地形部位的土壤养分状况**

从不同地形部位统计结果看，中低山顶部有机质含量最高，测定值为 31.2 克/千克；其次是山前倾斜平原中下部，为 30.1 克/千克；封闭洼地最低，为 24.5 克/千克。全氮含量山地丘陵中下部缓坡地段最高，为 1.41 克/千克；其次是丘陵低山中、下部及坡麓平坦地，为 1.4 克/千克；封闭洼地最低，为 1.29 克/千克。有效磷含量山前倾斜平原中下部最高，其测定值为 12.64 毫克/千克；速效钾含量山前倾斜平原中下部最高，其测定值为 161 毫克/千克。见表 6 - 2。

**表 6 - 2 不同地形部位土壤主要养分状况**

| 地形部位 | 有机质（克/千克） | 全氮（克/千克） | 有效磷（毫克/千克） | 速效钾（毫克/千克） |
|---|---|---|---|---|
| 丘陵低山中下部及坡麓平坦地 DXBW046 | 29.3 | 1.40 | 10.97 | 156 |
| 山前倾斜平原中、下部 DXBW071 | 30.1 | 1.38 | 12.64 | 161 |
| 封闭洼地 DXBW016 | 24.5 | 1.29 | 11.1 | 154 |
| 阶地 DXBW040 | 29.1 | 1.39 | 12.1 | 148 |
| 山地、丘陵（中、下）部的缓坡地段，地面有一定的坡度 DXBW047 | 28.1 | 1.41 | 9.5 | 152 |
| 中低山上、中部坡腰 DXBW082 | 28.9 | 1.35 | 8.49 | 155 |
| 中低山顶部 DXBW081 | 31.2 | 1.38 | 8.6 | 159 |

# 三、质量状况

昔阳县玉米地土壤主要是石灰性褐土和褐土性土。土壤质地以壤土为主，也有部分黏壤质土和沙壤土。土壤表层疏松底层紧实，孔隙度较好，土壤含水量适中，土体较湿润。通体石灰反应较为强烈，呈微碱性。土壤耕性较好，保肥保水性能适中，肥力水平相对较好。

据对昔阳县3 500个玉米地土壤采样点的养分含量分析显示，有机质含量为1.02～26.93克/千克，差别较大，有效磷含量为2.73～31.95毫克/千克各点差异较大，养分含量不均，速效钾含量为相对较高，差异不大。大部分玉米土壤不缺钾。

根据对昔阳县3 500个玉米地土壤采样点的环境质量调查发现，农民常年施用化肥，经各种途径进入土壤，虽然土壤的各项污染因素均不超标，但存在潜在的威胁，要引起注意。

# 四、主要存在问题

经调查发现，昔阳县玉米地土壤在施肥和耕作方面有许多不足，主要存在问题如下：

**1. 不重视有机肥的施用** 由于化肥的快速发展，牲畜饲养量的减少，施用的有机肥严重不足。虽然近十几年来昔阳县重视玉米秸秆覆盖还田，加大了秸秆的还田量，但仍不能满足玉米生长所需的各种养分需求。有机肥的增施可以提高土壤的团粒性能，改善土壤的通气透水性，保水、保肥和供肥性能。根据调查情况可以看出，不施用或施用较少有机肥的地块，土壤板结，产量相对较低，容易出现病虫害。

**2. 化肥投入比例失调** 由于农民缺乏科学的施肥技术，以致出现了盲目施肥现象。调查中发现，农民施用氮、磷、钾等养分比例不当。根据玉米的需肥规律，每生产100千克籽粒需要氮磷钾配比分别为：1：（0.5～0.6）：（0.7～0.8），调查发现农民重施氮肥、轻磷肥，致使昔阳县地块普遍缺磷。并且肥料施用分布极不平衡，距离近的耕地施用有机肥，远的地块施用化肥，甚至不上肥干种。

**3. 化肥施用方法不科学** 不同化肥品种、不同土壤、不同作物所要求的施用方法不同。如易挥发的氮肥表施、浅施，磷肥撒施等都是不科学的施肥方法。因施肥不当造成烧种、烧苗现象时有发生。不同肥力土壤、不同产量水平的作物对化肥的需求量是不同的，化肥用量不是越多越好。再者，农民只注重高产田的施肥，忽视中低产田的施肥，造成高产田吃不了、中低产田吃不饱的浪费现象。经调查，有相当多的农民在施肥技术上存在施用方法不当的问题，主要表现在：第一，施肥深度不够，一般施肥深度0～10厘米，不在玉米根系密集层，养分利用率低；第二，施肥时期和方法不当，根据玉米需肥特点，肥料应分次施用。大多数农户在给玉米作物施肥时仅施用一次，造成玉米生长期内养分供应不足，严重影响玉米的产量和降低了化肥的施用效率；第三，化肥施用过于集中，施肥后造成局部土壤化学浓度过大，对玉米生长产生了危害；第四，有些农民不根据自己家地块肥料实际需求，盲目过量施用化肥，不仅造成耕地土壤污染和肥料浪费，而且使土壤形成板结。

**4. 重用地，轻养地**　春季白地下种的现象蔚然成风，由县城向周边形成了一种现象。不重视农家肥的积造保管和施用，没有把农家肥放到增产的地位上来；有的地方不充分利用肥料来源，焚烧秸秆的现象依然存在；复播面积扩大，但施肥水平跟不上，这样久而久之土壤养分入不敷出，肥力自然下降。俗话说，又想马儿跑，不给马吃草，马也难跑。产量难以提高。

**5. 微量元素肥料施用量不足**　调查发现，在微量元素肥料的施用上，施用面积和施用量都少。而且施用时期掌握不好，往往是在出现病症后补施，或是在防治病虫害过程中，施用掺杂有微量元素的复合农药剂。此外，由于农民对氮肥的盲目过量施用，致使土壤中元素间拮抗现象增强，影响微量元素肥料的施用效果。

# 第二节　土壤培肥

根据当地立地条件，玉米地土壤养分状况分析结果，按照玉米作物的需肥规律和土壤改良原则，结合对玉米产量和品质的双重要求，建议培土措施如下：

## 一、增施有机肥，尤其是优质有机肥

从农业生产生产物质循环的角度看，作物的产量越高，从土壤中获得的养分越多，需要以施肥形式，特别是以化肥补偿土壤中的养分。随着化肥施用量的日益增加，肥料结构中有机肥的比重相对下降，农业增产对化肥的依赖程度越来越大。在一定条件下，施用化肥的当季增产作用确实很大，但随着单一化肥施用量得逐渐增加，土壤有机质消耗量也增大，造成土壤团粒结构分解，协调水、肥、气、热的能力下降，土壤保肥供肥性能变差，将会出现新的低产田。配方施肥要同时达到土壤供肥能力和培肥土壤两个目的，仅仅依靠化肥是做不到的，必须增施有机肥。有机肥的作用，除了供给物质多种养分外，更重要的是更新和积累土壤有机质，促进土壤微生物活动，有利于形成土壤团粒结构，协调土壤中水、肥、气、热等肥力因素，增强土壤保肥、供肥能力，为作物高产优质创造条件。所以，配方施肥不是几种化肥的简单配比，应以有机肥为基础，氮、磷、钾化肥以及中微量元素配合施用，既获得作物优质高产，又维持和提高土壤肥力。

## 二、合理调整化肥施用比例和用量

结合玉米地土壤养分状况、施肥状况、玉米作物施肥与土壤养分的关系，以及玉米"3414"田间肥效试验结果，结合玉米作物施肥规律，提出相应的施肥比例和用量。一般条件下，100千克玉米籽粒需吸收纯氮2.5～2.6千克，纯磷0.8～1.2千克，纯钾2.0～2.2千克。玉米施肥应综合考虑品种特性、土壤条件、产量水平、栽培方式等因素。亩产按500～600千克推算，亩施纯氮14千克左右、纯磷6千克左右、纯钾10千克左右。低中山区和丘陵区应在加强氮磷钾合理配比的基础上，重视微量元素肥料的合理施用，特别是锌肥的使用。

## 三、增施微量元素肥料

玉米土壤微量元素含量居中等水平，再加上土壤中各元素间的拮抗作用，在生产中存在微量元素缺乏症状。所以，高产以及土壤中微量元素较低的地块要在合理施用大量元素肥料的同时，注意施用微量元素肥料，玉米高产地块最好 2 年或 3 年每亩底施硼肥或锌肥 1.5~2.0 千克，以提高玉米作物抗逆性能，改善品质，提高产量。

## 四、合理的施肥方法

玉米地土壤施肥应根据玉米作物的生长特点、需肥规律及各种肥料的特性，确定合适的施肥时期和方法。在施肥时，应注意以下几点：第一，肥料绝对不能撒施，撒施等于不施；第二，由于氮肥和钾肥容易烧苗，在施用氮、钾肥时要注意避免将肥料撒到或带到作物的叶片上，并且施肥时要与玉米根系保持 5 厘米左右的距离；而磷肥中有效成分 $P_2O_5$ 在土壤中移动性很小，在施磷肥时要集中施用，施到作物根系周围，便于作物吸收利用；第三，由于氮肥是易挥发肥料，因此应避免在高温下施肥；第四，碳酸氢铵不易与过磷酸钙混合施用，否则易结块影响肥效；尿素与过磷酸钙混合施用时，要随混随用；第五，施用复合肥料和复混肥料时，要注意坚持深施原则，即撒施后耕翻，条施或穴施后盖土；用复合肥做底肥时，在作物生长后期，应追用尿素、碳酸氢铵等氮肥，保证玉米作物的养分需求。

# 第七章 耕地地力调查与质量评价的应用研究

## 第一节 耕地资源合理配置研究

### 一、耕地数量平衡与人口发展配置研究

昔阳县国土面积 1 954.3 平方千米，其中总耕地面积 43.8 万亩，总人口 24 万，人均耕地 1.83 亩。人多地少，耕地后备资源严重不足。从耕地保护形势看，由于昔阳县农业产业结构调整，退耕还林，山庄撂荒、公路、乡镇企业基础设施等非农建设占用耕地，导致耕地面积逐年减少，人地矛盾将出现严重危机。从昔阳县人民的生存和昔阳经济可持续发展的高度出发，采取措施，实现昔阳县耕地总量动态平衡刻不容缓。

实际上，昔阳县扩大耕地总量仍有很大潜力，只要合理安排，科学规划，集约利用，就完全可以兼顾耕地与建设用地的要求，实现社会经济的全面、持续发展；从控制人口增长，村级内部改造和居民点调整，退宅还田，开发复垦土地后备资源和废弃地等方面着手增大耕地面积。

### 二、耕地地力与粮食生产能力分析

#### （一）耕地粮食生产能力

耕地生产能力是决定粮食产量的决定因素之一。近年来，由于种植结构调整和建设用地，退耕还林还草等因素的影响，粮食播种面积在不断减少，而人口在不断增加，对粮食的需求量也在增加。保证昔阳县粮食需求，挖掘耕地生产潜力已成为农业生产中的大事。

耕地的生产能力是由土壤本身肥力作用所决定的，其生产能力分为现实生产能力和潜在生产能力。

**1. 现实生产能力** 昔阳县现有耕地面积为 43.8 万亩（包括已退耕还林及园林面积），而中低产田就有 36.22 万亩之多，占总耕地面积的 82.71%，而且大部分为旱地。这必然造成昔阳县现实生产能力偏低的现状。再加之农民对施肥，特别是有机肥的忽视，以及耕作管理措施的粗放，这都是造成耕地现实生产能力不高的原因。2010 年，昔阳县粮食播种面积为 33.733 4 万亩，粮食总产量为 11.839 2 万吨，亩产约 350.1 千克。

目前，昔阳县耕地土壤有机质平均含量为 16.27 克/千克；全氮平均含量为 0.91 克/千克；有效磷平均含量为 11.2 毫克/千克；缓效钾平均含量为 565 毫克/千克；速效钾平均含量为 145 毫克/千克；有效铜平均含量为 1.31 毫克/千克；有效锌平均含量为 1.12 毫克/千克；有效硼平均含量为 0.41 毫克/千克；有效铁平均含量为 9.00 毫克/千克；有效

锰平均含量为 10.40 毫克/千克；有效硫平均含量为 31.30 毫克/千克。与全国第二次土壤普查时的土壤耕层养分测定结果相比，全县土壤有机质由原来 12.3 克/千克提高到 16.27 克/千克，提高了 3.97 克/千克，提高了 32.2%，全氮由原来的 0.71 克/千克提高到 0.91 克/千克，提高了 0.20 克/千克，提高了 28.2%，有效磷由原来的 6.31 毫克/千克提高到 11.2 毫克/千克，增加了 4.89 毫克/千克，增长 77.5%，速效钾由原来的 128.60 毫克/千克提高到 145 毫克/千克，增加了 16.4 毫克/千克，增长 12.8%。

**2. 潜在生产能力**　生产潜力是指在正常的社会秩序和经济秩序下所能达到的最大产量。从历史的角度和长期的利益来看，耕地的生产潜力是比粮食产量更为重要的粮食安全因素。

纵观昔阳县近年来的粮食平均亩产量和昔阳县农民对耕地的经营状况，本县耕地还有巨大的生产潜力可挖。如果在农业生产中加大有机肥的投入，采取测土配方施肥措施和科学合理的耕作技术，耕地的生产能力还可以提高。从近几年昔阳县对小麦、玉米平衡施肥观察点经济效益的对比来看，配方施肥区较习惯施肥区的增产率都在 20% 左右，甚至更高。如果能进一步提高农业投入比重，提高劳动者素质，下大力气加强农业基础建设，特别是农田水利建设，稳步提高耕地综合生产能力和产出能力，实现农林牧的结合就能增加农民经济收入。

**（二）不同时期人口、食品构成粮食需求分析预测**

农业是国民经济的基础，粮食是关系国计民生和国家自立与安全的特殊产品。从新中国成立初期到现在，昔阳县人口数量、食品构成和粮食需求都在发生着巨大变化。新中国成立初期居民食品构成主要以粮食为主，也有少量的肉类食品，水果、蔬菜的比重很小。随着社会进步，生产的发展，人民生活水平逐步提高。到 20 世纪 80 年代初，居民食品构成依然以粮食为主，但肉类、禽类、油料、水果、蔬菜等的比重均有了较大提高。到 2010 年，居民食品构成中，粮食所占比重有明显下降，然而肉类、禽蛋、水产品、豆制品、油料、水果、蔬菜、食糖占有比重提高。

昔阳县粮食生产还存在着巨大的增长潜力。随着资本、技术、劳动投入、政策、制度等条件的逐步完善，昔阳县粮食的产出与需求平衡，终将成为现实。

**（三）粮食安全警戒线**

粮食是人类生存和社会发展最重要的产品，是具有战略意义的特殊商品，粮食安全不仅是国民经济持续健康发展的基础，也是社会安定、国家安全的重要组成部分。近年来，随着农资价格上涨，种粮效益低等因素影响，农民种粮积极性不高，昔阳县粮食单产徘徊不前。所以，必须对昔阳县的粮食安全问题给予高度重视。

2010 年，昔阳县的人均粮食占有量为 519.5 千克。当前，国际公认的粮食安全警戒线标准为年人均 400 千克。

# 三、耕地资源合理配置意见

在确保粮食生产安全的前提下，优化耕地资源利用结构，合理配置其他作物占地比例。为确保粮食安全需要，对昔阳县耕地资源进行如下配置：昔阳县现有 43.83 万亩耕地中，其中 34 万亩用于种植粮食，以满足昔阳县人口粮食需求，其余 9 万亩耕地用于蔬菜、水果、薯类、油料等作物生产，其中蔬菜地 2.5 万亩，占用耕地面积 5.7%；水果占地 3 万亩，占用 6.84%；薯类占地 2 万亩，占用 4.56%；其他作物占地 1.5 万亩。

根据《土地管理法》和《基本农田保护条例》划定昔阳县基本农田保护区，将水利条件、土壤肥力条件好，自然生态条件适宜的耕地划为口粮和粮食生产基地，长期不许占用。在耕地资源利用上，必须坚持基本农田总量平衡的原则。一是建立完善的基本农田保护制度，用法律保护耕地；二是明确各级政府在基本农田保护中的责任，严控占用保护区内耕地，严格控制城乡建设用地；三是实行基本农田损失补偿制度，实行谁占用、谁补偿的原则；四是建立监督检查制度，严厉打击无证经营和乱占耕地的单位和个人；五是建立基本农田保护基金，县政府每年投入一定资金用于基本农田建设，大力挖潜存量土地；六是合理调整用地结构，用市场经营利益导向调控耕地。

同时，在耕地资源配置上，要以粮食生产安全为前提，以农业增效、农民增收的目标，逐步提高耕地质量，调整种植业结构推广优质农产品，应用优质高效，生态安全栽培技术，提高耕地利用率。

# 第二节　耕地地力建设与土壤改良利用对策

## 一、耕地地力现状及特点

耕地质量主要包括耕地地力方面，此次调查与评价共涉及耕地土壤点位 3 500 个，经过历时 3 年的调查分析，基本查清了昔阳县耕地地力现状与特点。

### （一）耕地土壤养分含量不断提高

通过对昔阳县土壤养分含量的分析得知：全县耕地土壤有机质平均含量为 16.27 克/千克；全氮平均含量为 0.91 克/千克；有效磷平均含量为 11.2 毫克/千克；缓效钾平均含量为 565 毫克/千克；速效钾平均含量为 145 毫克/千克；有效铜平均含量为 1.31 毫克/千克；有效锌平均含量为 1.12 毫克/千克；有效硼平均含量为 0.41 毫克/千克；有效铁平均含量为 9.00 毫克/千克；有效锰平均含量为 10.40 毫克/千克；有效硫平均含量为 31.30 毫克/千克。与全国第二次土壤普查时的土壤耕层养分测定结果相比，全县土壤有机质由原来 12.3 克/千克提高到 16.27 克/千克，提高了 3.97 克/千克，提高了 32.2%；全氮由原来的 0.71 克/千克提高到 0.91 克/千克，提高了 0.20 克/千克，提高了 28.2%；有效磷由原来的 6.31 毫克/千克提高到 11.2 毫克/千克，增加了 4.89 毫克/千克，增长 77.5%，速效钾由原来的 128.60 毫克/千克提高到 145 毫克/千克，增加了 16.4 毫克/千克，增长 12.8%。

### （二）耕作历史悠久，土壤熟化度高

据史料记载，农业历史悠久，土质良好，加以多年的耕作培肥，土壤熟化程度高。据调查，有效土层厚度平均达 150 厘米以上，耕层厚度为 19～22 厘米，适种作物广，生产水平高。

## 二、存在主要问题及原因分析

### （一）中低产田面积较大

据调查，昔阳县共有中低产田面积 36.22 万亩，占耕地总面积 82.71%，按主导障碍因素，共分为坡地梯改型、瘠薄培肥型两大类型，其中坡地梯改型 13.98 万亩，占耕地总面积的 31.92%，瘠薄培肥型 22.244 1 万亩，占耕地总面积的 50.79%。

中低产田面积大，类型多。主要原因：一是自然条件恶劣。昔阳县地形复杂，山、川、沟、垣、堑俱全，水土流失严重；二是农田基本建设投入不足，中低产田改造措施不力；三是农民耕地施肥投入不足，尤其是有机肥施用量仍处于较低水平。

### （二）耕地地力不足，耕地生产率低

昔阳县耕地虽然经过排、灌、路、林综合治理，农田生态环境不断改善，耕地单产、总产呈现上升趋势，但近年来，农业生产资料价格一再上涨，农业成本较高，甚至出现种粮赔本现象，大大挫伤了农民种粮的积极性。一些农民通过增施氮肥取得产量，耕作粗放，结果致使土壤结构变差，造成土壤养分恶性循环。

### （三）施肥结构不合理

作物每年从土壤中带走大量养分，主要是通过施肥来补充。因此，施肥直接影响到土壤中各种养分的含量。近几年在施肥上存在的问题，突出表现在"三重三轻"：第一，重经济作物，轻粮食作物；第二，重复混肥料，轻专用肥料。随着我国化肥市场的快速发展，复混（合）肥异军突起，其应用对土壤养分的变化也有影响，许多复混（合）肥杂而不专，农民对其依赖性较大，而对于自己所种作物需什么肥料，土壤缺什么元素，底子不清，导致盲目施肥；第三，重化肥使用，轻有机肥使用。近些年来，农民将大部分有机肥施于菜田，特别是优质有机肥，而占很大比重的耕地有机肥却施用不足。

## 三、耕地培肥与改良利用对策

### （一）多种渠道提高土壤肥力

**1. 增施有机肥，提高土壤有机质**　近年来，由于农家肥来源不足和化肥的发展，昔阳县耕地有机肥施用量不够。可以通过以下措施加以解决：

（1）广种饲草，增加畜禽，以牧养农。

（2）大力种植绿肥，种植绿肥是培肥地力的有效措施，可以采用粮肥间作或轮作制度。

**2. 推广秸秆还田，实现用养结合**　作物秸秆含有较为丰富的氮、磷、钾、钙、镁、硫等多种营养元素和有机质，直接翻入土壤具有改善土体结构，改良土壤耕性的作用。目前，昔阳县秸秆资源丰富，每年 30 万亩玉米秸秆。通过玉米秸秆覆盖还田、压青还田等途径，增加土壤有机质含量，实现用养结合。

**3. 合理轮作，挖掘土壤潜力**　不同作物需求养分的种类和数量不同，根系深浅不同，吸收各层土壤养分的能力不同，各种作物遗留残体成分也有较大差异。因此，通过不同作

物合理轮作倒茬，保障土壤养分平衡。要大力推广玉米、豆类立体套作，粮、油轮作，豆类、薯类轮作等技术模式，实现土壤养分协调利用。

### (二) 巧施氮肥

速效性氮肥极易分解，通常施入土壤中的氮素化肥的利用率只有 25%～50%，或者更低。这说明施入土壤中的氮素，挥发渗漏损失严重。所以，在施用氮肥时，一定注意施肥量、施肥方法和施肥时期，提高氮肥利用率，减少损失。

### (三) 重施磷肥

昔阳县地处黄土高原，属石灰性土壤，土壤中的磷常被固定，而不能发挥肥效。加上长期以来群众重氮轻磷，作物吸收的磷得不到及时补充。试验证明，在缺磷土壤上增施磷肥增产效果明显，可以增施人粪尿、畜禽肥等有机肥，其中的有机酸和腐殖酸促进非水溶性磷的溶解，提高磷素的活力。

### (四) 因地施用钾肥

昔阳县土壤中钾的含量虽然在短期内不会成为限制农业生产的主要因素，但随着农业生产进一步发展和作物产量的不断提高，土壤中有效钾的含量也会处于不足状态。所以在生产中，定期监测土壤中钾的动态变化，及时补充钾素。

### (五) 重视施用微肥

微量元素肥料，作物的需要量虽然很少，但对提高产品产量和品质、却有大量元素不可替代的作用。据调查，昔阳县土壤硼、锌、铁等含量均不高，玉米施锌试验，增产效果很明显。

### (六) 因地制宜，改良中低产田

昔阳县中低产田面积比较大，影响了耕地地力水平。因此，要从实际出发，分类配套改良技术措施，进一步提高昔阳县耕地地力质量。

## 四、成果应用与典型事例

**1. 昔阳县玉米秸秆覆盖还田技术**　昔阳县位于山西省东境中部，太行山西麓，归晋中市辖。昔阳县 5 镇 7 乡，351 个行政村，总人口 24 万，其中农业人口 21 万。昔阳县总耕地面积为 43.8 万亩，其中玉米作物播种面积将近 30 万亩。"十年九旱、年年春旱"是昔阳县的气候特点，"干旱缺水、土壤瘠薄"是制约昔阳县粮食高产高效、安全优质的主要因素。为提高降水利用效率、提高耕地综合生产能力，改变靠天吃饭的被动局面，昔阳县从 1994 年开始，针对玉米种植面积大、秸秆资源丰富的实际情况，昔阳县大面积示范推广玉米秸秆覆盖还田技术，每年覆盖面积达到 10 万亩以上。经过近年的玉米秸秆覆盖还田，取得了大面积玉米秸秆覆盖的成果经验，收到了良好的经济效益、社会效益、生态效益。据多年调查，玉米秸秆覆盖有以下 4 方面好处：一是保墒。如果说传统旱作农业建设的是"浅水库"，机械化旱作农业建设的是"深水库"，那么玉米秸秆覆盖保护性耕作建设则是"有盖子的深水库"。玉米秸秆覆盖后，不仅提高了"土壤水库"的建设标准，而且改善了"土壤水库"的生态功能和周边环境，同时解决了"水"和"土"的问题。我们多年定点在昔阳县的监测点观察，覆盖田全生育期 0～30 厘米土壤含水量均比不覆盖田高

1.5%~4%，而且有效提高降水利用效率。据测算，每毫米降水增产粮食达 0.26 千克，达到了有效合理利用降水，节约用水的目的；二是培肥。分田到户后，农家肥因量大、地远、运输困难等诸多因素，农民往农田施农家肥的数量急剧减少。通过玉米秸秆覆盖还田后，不仅能很好地解决这一难题，而且避免了焚烧秸秆带来的环境污染。秸秆覆盖后，土壤有机质逐年提高；三是秸秆覆盖省工省时。昔阳县主要推广的是玉米秸秆粉碎还田，劳动量和劳动强度大大降低。经测算，每覆盖 1 亩秸秆比常规耕作田节省 2~4 个工；四是改善了土壤生态环境条件。坡地、梯田秸秆覆盖后，由于其能有效拦蓄降水，减少水土流失，同时地表有覆盖物，大大减少了风沙天气，群众称之为"风大不起沙，刮风不刮土"，有效改善了昔阳县的污染环境。

**2. 昔阳县测土配方施肥技术**　昔阳县位于山西省东部，辖 5 镇 7 乡，335 个行政村，总人口 24 万，其中农业人口 21 万。昔阳县总耕地面积 43.8 万亩，粮食作物播种面积 34 万亩。2009 年，昔阳县开始实施测土配方施肥项目，该项目实施 3 年来，取得了良好的经济效益、生态效益和社会效益。通过实施测土配方施肥，粮食作物单产水平得到明显提高，全县 3 年累计完成配方施肥面积 72 万亩，其中应用玉米配方肥面积 15.4 万亩，涉及 12 乡（镇）335 行政村，18 万农户。经过对配方施肥田的测产调查及汇总观察点的结果表明，平均亩产 430.4 千克，常规施肥区平均亩产 399.4 千克，亩增产 31 千克，增产率为 8%，总增产 868 万千克，每千克玉米按市场价 2 元计算，增收 1 736 万元，每亩节约肥料（纯养分）0.8 千克，节约肥料 436.8 吨，亩节约肥料成本 1.6 元，节约肥料成本 69.89 万元。总节本增效共计 1 805.89 万元；豆类 3 万亩，谷子 9 万亩，亩均增产 15 千克，总增产 180 万千克，每千克谷豆按市场价 4 元计算，增收 720 万元，亩均节肥 0.9 千克，共节约肥料 108 吨，亩节约肥料成本 2 元，节约肥料成本 21.6 万元；蔬菜 3 万亩，果树 2.4 万亩。蔬菜、水果亩增产 50 千克，每千克蔬果按市场价 2 元计算，增收 540 万元，亩均节肥 0.9 千克，节约肥料 48.6 吨（纯养分），亩节约肥料成本 2 元，节约肥料成本 9.72 万元；共增收 2 996 万元，共节约肥料成本 101.21 万元，总增收节支 3 097.21 万元。通过实施测土配方施肥，粮食单产水平提高十分明显，为保障粮食安全和农民增收做出应有的贡献。

# 第三节　农业结构调整与适宜性种植

近些年来，昔阳县农业的发展和产业结构调整工作取得了突出的成绩，但干旱胁迫严重，土壤肥力有所减退，抗灾能力薄弱，生产结构不良等问题，仍然十分严重。因此，为适应 21 世纪我国农业发展的需要，增强昔阳县优势农产品参与国际市场竞争的能力，有必要进一步对昔阳县的农业结构现状进行战略性调整，从而促进昔阳县高效现代特色农业的发展，实现农民增收。

## 一、农业结构调整的原则

为适应我国社会主义农业现代化的需要，在调整种植业结构中，遵循下列原则：

一是以国际农产品市场接轨，以增强昔阳县农产品在国际、国内经济贸易的竞争力为原则。

二是以充分利用不同区域的生产条件、技术装备水平及经济基地条件，达到趋利避害，发挥优势的调整原则。

三是以充分利用耕地评价成果，正确处理作物与土壤间、作物与作物间的合理调整为原则。

四是采用耕地资源管理信息系统，为区域结构调整的可行性提供宏观决策与技术服务的原则。

五是保持行政村界线的基本完整的原则。

根据以上原则，在今后一般时间内将紧紧围绕农业增效、农民增收这个目标，大力推进农业结构战略性调整，最终提升农产品的市场竞争力，促进农业生产向区域化、优质化、产业化发展。

## 二、农业结构调整的依据

通过本次对昔阳县种植业布局现状的调查、综合验证，认识到目前的种植业布局还存在许多问题，需要在县域内部加大调整力度，进一步提高生产力和经济效益。

根据本次耕地质量的评价结果，安排昔阳县的种植业内部结构调整，应依据不同地貌类型耕地综合生产能力和土壤环境质量两方面的综合考虑，具体为：

一是按照七大不同地貌类型，因地制宜规划，在布局上做到宜农则农，宜林则林，宜牧则牧。

二是根据昔阳县实际，按照耕地地力评价划分5个等级标准，在各个地貌单元中所代表面积的数值衡量，以适宜作物发挥最大生产潜力来分布，做到高产高效作物分布在1~2级耕地为宜，中低产田应在改良中调整。

## 三、土壤适宜性及主要限制因素分析

昔阳县土壤因成土母质不同，土壤质地也不一致，发育在黄土及黄土状母质上的土壤质地多是较轻而均匀的壤质土，心土及底土层为黏土。总的来说，昔阳县的土壤大多为壤质，沙黏含量比较适合，在农业上是一种质地理想的土壤，其性质兼有沙土和黏土之优点，而克服了沙土和黏土之缺点，它既有一定数量的大孔隙，还有较多的毛管孔隙，故通透性好，保水保肥性强，耕性好，宜耕期长，好抓苗，发小又养老。因此，综合以上土壤特性，昔阳县土壤适宜性强，玉米、谷子等粮食作物及经济作物，如蔬菜、水果等都适宜昔阳县种植。

但种植业的布局除了受土壤质地作用外，还要受到地理位置、水分条件等自然因素和经济条件的限制。在山地、丘陵等地区，由于此地区沟壑纵横，土壤肥力较低，土壤较干旱，气候凉爽，农业经济条件也较为落后。因此，要在管理好现有耕地的基础上，将智力、资金和技术逐步转移到非耕地的开发上，大力发展林、牧业，建立农、林、牧结合的生态体系，使其成林、牧产品生产基地。在平原地区由于土地平坦，水源较丰富，是昔阳县土壤肥力较高的区域，同时其经济条件及农业现代化水平也较高，故应充分利用地理、经济、技术优势，在决不放松粮食生产的前提下，积极开展多种经营，实行粮、菜、果全面发展。

在种植业的布局中，必须充分考虑到各地的自然条件、经济条件，合理利用自然资源，对布局中遇到的各种限制因素，应考虑到它影响的范围和改造的可行性，合理布局生产，最大限度地、持久地发掘自然的生产潜力，做到地尽其力。

## 四、农业远景发展规划

昔阳县农业的发展，应进一步调整和优化农业结构，全面提高农产品品质和经济效益，建立和完善昔阳县耕地质量管理信息系统，随时服务布局调整，从而有力促进昔阳县农村经济的快速发展。现根据各地的自然生态条件、社会经济技术条件，特提出 2020 年发展规划如下：

一是昔阳县粮食占有耕地 31 万亩，集中建立 25 万亩绿色优质玉米生产基地、开发建设 5 万亩优质无公害谷子生产基地。

二是加快发展蔬菜生产，建设无公害、绿色蔬菜生产基地 3 万亩。全面推广绿色蔬菜生产操作规程，配套建设贮藏、包装、加工、质量检测、信息等设施完备的农产品物流市场。

四是集中优势资源，全力做优、做强林果产业，建设 3 万亩水果和 20 万亩干果生产基地。

综上所述，面临的任务是艰巨的，困难也是很大的。所以，要下大力气克服困难，努力实现既定目标。

## 第四节  主要作物施肥指标体系的建立与
## 无公害农产品生产对策研究

### 一、养分状况与施肥现状

#### （一）土壤养分与状况

昔阳县耕地质量评价结果表明，全县耕地土壤有机质平均含量为 16.27 克/千克；全氮平均含量为 0.91 克/千克；有效磷平均含量为 11.2 毫克/千克；缓效钾平均含量为 565 毫克/千克；速效钾平均含量为 145 毫克/千克；有效铜平均含量为 1.31 毫克/千克；有效锌平均含量为 1.12 毫克/千克；有效硼平均含量为 0.41 毫克/千克；有效铁平均含量为 9.00 毫克/千克；有效锰平均含量为 10.40 毫克/千克；有效硫平均含量为 31.30 毫克/千克。与全国第二次土壤普查时的土壤耕层养分测定结果相比，全县土壤有机质由原来 12.3 克/千克提高到 16.27 克/千克，提高了 3.97 克/千克，提高了 32.2%；全氮由原来的 0.71 克/千克提高到 0.91 克/千克，提高了 0.20 克/千克，提高了 28.2%；有效磷由原来的 6.31 毫克/千克提高到 11.2 毫克/千克，增加了 4.89 毫克/千克，增长 77.5%，速效钾由原来的 128.60 毫克/千克提高到 145 毫克/千克，增加了 16.4 毫克/千克，增长 12.8%。

### （二）施肥现状

农作物平均亩施 N 25 千克，$P_2O_5$ 6 千克，$K_2O$ 3 千克，氮磷钾施用比例不协调。农家肥和微量元素肥料施用量很低，普遍不施。

## 二、存在问题及原因分析

### （一）有机肥和无机肥施用比例失调

20 世纪 70 年代以来，随着化肥工业发展，化肥的施用量大量增加，但有机肥的施用量却在不断减少，随着农业机械化水平提高，农村大牲畜大量减少，农村人居环境改善，有机肥源不断减少，优质有机肥都进了经济作物田，耕地有机肥用肥量更少。随着农业机械化水平的提高，玉米等秸秆还田面积增加，土壤有机质有了明显提高。今后土壤有机质的提高主要依靠秸秆还田。据统计，昔阳县平均亩施有机肥不足 500 千克，农民多以无机肥代替有机肥，有机肥和无机肥施用比例失调。

### （二）肥料三要素（N、P、K）施用比例失调

第二次土壤普查后，昔阳县根据普查结果，氮少磷缺钾有余的土壤养分状况提出增氮增磷不施钾，所以在施肥上一直按照氮磷 1∶1 的比例施肥，亩施碳酸氢铵 50 千克，普钙 50 千克。10 多年来，土壤养分发生了很大变化，土壤有效磷显著提高。据此次调查，所施肥料中的氮、磷、钾养分比例多不适合作物要求，未起到调节土壤养分状况的作用。根据昔阳县农作物的种植和产量情况，现阶段氮、磷、钾化肥的适宜比例应为 1∶0.56∶0.16，而调查结果表明，实际施用比例为 1∶0.5∶0.1，并且肥料施用分布极不平衡，高产田比例低于中低产田，部分旱地地块不施磷钾肥，这种现象制约了化肥总体利用率的提高。

### （三）化肥用量不当

耕地化肥施用不合理。在大田作物施肥上，人们往往注重高产田投入，而忽视中低产田投入，产量越高，施肥量越大，产量越低施肥量越小，甚至白茬下种。因而造成高产地块肥料浪费，而中低产田产量提不高。据调查，高产田化肥施用总量达 80 千克以上，而中低产田亩用量不足 50 千克。这种化肥不合理分配，直接影响化肥的经济效益和无公害农产品的生产。

### （四）化肥施用方法不当

**1. 氮肥浅施、表施**　这几年，在氮肥施用上，广大农民为了省时、省劲，将碳酸氢铵、尿素撒于地表，旋耕犁旋耕入土，甚至有些用户用后不及时覆土，造成一部分氮素挥发损失，降低了肥料的利用率，有些还造成铵害，烧伤植物叶片。

**2. 磷肥撒施**　由于大多数群众对磷肥的性质了解较少，普遍将磷肥撒施、浅施，作物不能吸收利用，并且造成磷固定，降低了磷的利用率和当季施用肥料的效益。据调查，昔阳县磷肥撒施面积达 60% 左右。

**3. 复合肥施用不合理**　在黄瓜、北瓜、茄子、番茄等种植比例大的蔬菜上，复合肥料和磷酸二铵使用比例很大，从而造成盲目施肥和磷钾资源的浪费。

以上各种问题，随着测土配方施肥项目的实施将逐步得到解决。

# 三、化肥施用区划

## （一）目的和意义

根据昔阳县不同区域、地貌类型、土壤类型的土壤养分状况、作物布局、当前化肥使用水平和历年化肥试验结果进行了统计分析和综合研究，按照昔阳县不同区域化肥肥效的规律，43.8 万亩耕地共划分 3 个化肥肥料一级区和 9 个合理施肥二级区，提出不同区域氮、磷、钾化肥的使用标准。为昔阳县今后一段时间合理安排化肥生产、分配和使用，特别是为改善农产品品质，因地制宜调整农业种植布局，发展特色农业，保护生态环境，生产绿色无公害农产品，促进可持续农业的发展提供科学依据，使化肥在昔阳县农业生产发展中发挥更大的增产、增收、增效作用。

## （二）分区原则与依据

### 1. 原则

（1）化肥用量、施用比例和土壤类型及肥效的相对一致性。

（2）土壤地力分布和土壤速效养分含量的相对一致性。

（3）土地利用现状和种植区划的相对一致性。

（4）行政区划的相对完整性。

### 2. 依据

（1）农田养分平衡状况及土壤养分含量状况。

（2）作物种类及分布。

（3）土壤地理分布特点。

（4）化肥用量、肥效及特点。

（5）不同区域对化肥的需求量。

## （三）分区概述

根据化肥区划分区标准和命名，将昔阳县化肥区划分为 3 个 I 级区（3 个主区），个 II 级区（9 个亚区）。

### 1. 玉米配方施肥总体方案

（1）东南部山区乡（镇）：玉米产量为 400 千克/亩以下的坡耕地地块，氮肥（N）用量推荐为 8.5～10 千克/亩，磷肥（$P_2O_5$）用量为 5～6 千克/亩，亩施农家肥 800 千克以上。玉米产量为 400～500 千克/亩的梯田地块，氮肥（N）用量推荐为 10～12 千克/亩，磷肥（$P_2O_5$）用量为 6～8 千克/亩，亩施农家肥 1 000 千克以上。玉米产量为 500～600 千克/亩的丘陵沟坝地块，氮肥（N）用量推荐为 14～15 千克/亩，磷肥（$P_2O_5$）用量为 8～10 千克/亩，土壤速效钾含量小于 160 毫克/千克时，适当补充钾肥（$K_2O$）为 4～5 千克/亩，亩施农家肥 1 200 千克以上。玉米产量为 600 千克/亩以上的地块，氮肥（N）用量推荐为 15～18 千克/亩，磷肥（$P_2O_5$）用量为 8～10 千克/亩，土壤速效钾含量小于160毫克/千克时，适当补充钾肥（$K_2O$）为4～6千克/亩，亩施农家肥1 500千克以上。

（2）北部平川乡（镇）：玉米产量为500千克/亩以下的旱薄地地块，氮肥（N）用量推荐为10～12千克/亩，磷肥（$P_2O_5$）为4.5～6千克/亩，亩施农家肥1 000千克以上。玉米产量为500～600千克/亩的平川旱地地块，氮肥（N）用量推荐为13～15千克/亩，磷肥（$P_2O_5$）为6～8千克/亩，土壤速效钾含量＜160毫克/千克时，适当补施钾肥（$K_2O$）为2～4千克/亩。亩施农家肥1 200千克以上。玉米产量为600～700千克/亩的高肥力旱地地块，氮肥（N）用量推荐为15.5～18千克/亩，磷肥（$P_2O_5$）为8～10千克/亩；土壤速效钾含量＜160毫克/千克时，适当补施钾肥（$K_2O$）为4～5千克/亩，亩施农家肥1 200千克以上。玉米产量为700千克/亩以上的高肥力水浇地地块，氮肥（N）用量推荐为17～19千克/亩，磷肥（$P_2O_5$）为9～10千克/亩，土壤速效钾含量＜175毫克/千克时，适当补施钾肥（$K_2O$）为5～6千克/亩，亩施农家肥1 500千克以上。

**2. 谷子配方施肥总体方案**

（1）东南部山区乡（镇）：谷子产量为150千克/亩以下的坡耕地地块，氮肥（N）用量推荐为5～6千克/亩，磷肥（$P_2O_5$）用量为3～4千克/亩，亩施农家肥500千克以上。谷子产量为150～200千克/亩以下的梯田地块，氮肥（N）用量推荐为6～7千克/亩，磷肥（$P_2O_5$）用量为3～4千克/亩，亩施农家肥700千克以上。谷子产量为200千克/亩以上的沟坝地地块，氮肥（N）用量推荐为8～9千克/亩，磷肥（$P_2O_5$）用量为3～4千克/亩，土壤速效钾含量小于130毫克/千克时，适当补充钾肥（$K_2O$）为3～4千克/亩，亩施农家肥900千克以上。

（2）北部平川乡（镇）：谷子产量为200～250千克/亩以下的梯田地块，氮肥（N）用量推荐为7～8千克/亩，磷肥（$P_2O_5$）用量为3～4千克/亩，亩施农家肥700千克以上。谷子产量为250千克/亩以上的旱肥地地块，氮肥（N）用量推荐为9～10千克/亩，磷肥（$P_2O_5$）用量为4～5千克/亩，土壤速效钾含量小于155毫克/千克时，适当补充钾肥（$K_2O$）为5～6千克/亩，亩施农家肥900千克以上。

作物秸秆还田地块要增加氮肥用量10%～15%，以协调碳氮比，促进秸秆腐解。要大力推广玉米施锌技术，每千克种子拌硫酸锌4～6克或亩底施硫酸锌1.5～2千克。作物秸秆还田的地块可适当减少钾肥用量。

**（四）提高化肥利用率的途径**

**1. 统一规划，着眼布局** 化肥使用区划意见，对昔阳县农业生产及发展起着整体指导和调节作用，使用当中要宏观把握，明确思路。以地貌类型和土壤类型及行政区域划分的3个化肥肥效一级区和9个化肥合理施肥二级区在肥效与施肥上基本保持一致。具体到各区各地因受不同地形部位和不同土壤亚类的影响，在施肥上不能千篇一律，死搬硬套，以化肥使用区划为标准，结合当地实际情况确定合理科学的施肥量。

**2. 因地制宜，节本增效** 昔阳县地形复杂，土壤肥力差异较大，各区在化肥使用上一定要本着因地制宜，因作物制宜，节本增效的原则，通过合理施肥及相关农业措施，不仅要达到节本增效的目的，而且要达到用养结合、培肥地力的目的，变劣势为优势。对坡降较大的丘陵、沟壑和山前倾斜平原区要注意防治水土流失，施肥上要少量多次，修整梯田，建"三保田"。

**3. 秸秆还田、培肥地力**　运用合理施肥方法，大力推广秸秆还田，提高土壤肥力，增加土壤团粒结构，提高化肥利用率，同时合理轮作倒茬，用养结合。旱地氮肥"一炮轰"，水地底施1/2，追施1/2。磷肥集中深施，褐土地钾肥分次施，有机无机相结合，氮磷钾微相结合。

总之，要科学合理施用化肥，以提高化肥利用率为目的，以达到增产增收增效。

## 四、无公害农产品生产与施肥

无公害农产品是指产地环境、生产过程和产品质量均符合国家有关标准的规范的要求，经认证合格，获得认证证书并允许使用无公害农产品标志的未经加工或初加工的农产品。根据无公害农产品标准要求，针对昔阳县耕地质量调查施肥中存在的问题，发展无公害农产品，施肥中应注意以下几点：

### （一）选用优质农家肥

农家肥是指含有大量生物物质、动植物残体、排泄物、生物废物等有机物质的肥料。在无公害农产品的生产中，一定要选用足量的经过无害化处理的堆肥、沤肥、厩肥、饼肥等优质农家肥作基肥。确保土壤肥力逐年提高，满足无公害农产品的生产。

### （二）选用合格商品肥

商品肥料有精制有机肥料、有机无机复混肥料、无机肥料、腐殖酸类肥料、微生物肥料等。生产无公害农产品时一定要选用合格的商品肥料。

### （三）改进施肥技术

**1. 调控化肥用量**　这几年，随着农业结构调整，种植业结构发生了很大变化，经济作物面积扩大，因而造成化肥用量持续提高，不同作物之间施肥量差距不断扩大。因此，要调控化肥用量时，避免施肥两极分化，尤其是控制氮肥用量，努力提高化肥利用率，减少化肥损失或造成的农田环境污染。

**2. 调整施肥比例**　首先将有机肥和无机肥比例逐步调整到1∶1，充分发挥有机肥料在无公害农产品生产中的作用。其次，实施补钾工程，根据不同作物、不同土壤合理施用钾肥，合理调整 N、P、K 比例，发挥钾肥在无公害农产品生产中的作用。

**3. 改进施肥方法**　施肥方法不当，易造成肥料损失浪费、土壤及环境污染，影响作物生长。所以，施肥方法一定要科学，氮肥要深施，减少地面熏伤，忌氯作物不施或少施含氯肥料。因地、因作物、因肥料确定施肥方法，生产优质、高产无公害农产品。

## 五、不同作物的科学施肥标准

针对昔阳县农业生产基本条件，种植作物种类、产量、土壤肥力及养分含量状况，无公害农产品生产施肥总的思路是：以节本增效为目标，立足抗旱栽培，着眼于优质、高产、高效、安全农业生产，着力于提高肥料利用率，采取控氮稳磷补钾配微的原则，在增施有机肥和保持化肥施用总量基本平衡的基础上，合理调整养分比例，普及科学施肥方法，积极试验和示范微生物肥料。

# 第五节　耕地质量管理对策

耕地地力调查与质量评价成果为昔阳县耕地质量管理提供了依据，耕地质量管理决策的制定，成为昔阳县农业可持续发展的核心内容。

## 一、建立依法管理体制

### （一）工作思路

以发展优质高效、生态、安全农业为目标，以耕地质量动态监测管理为核心，以土壤地力改良利用为重点，通过农业种植业结构调查，合理配置现有农业用地，逐步提高耕地地力水平，满足人民日益增长的农产品需求。

### （二）建立完善行政管理机制

**1. 制定总体规划**　坚持"因地制宜、统筹兼顾，局部调整、挖掘潜力"的原则，制定昔阳县耕地地力建设与土壤改良利用总体规划，实行耕地用养结合，划定中低产田改良利用范围和重点，分区制订改良措施，严格统一组织实施。

**2. 建立以法保障体系**　制定并颁布《昔阳县耕地质量管理办法》，设立专门监测管理机构，县、乡、村三级设定专人监督指导，分区布点，建立监控档案，依法检查污染区域项目治理工作，确保工作高效到位。

**3. 加大资金投入**　县政府要加大资金支持，县财政每年从农发资金中列支专项资金，用于昔阳县中低产田改造和耕地污染区域综合治理，建立财政支持下的耕地质量信息网络，推进工作有效开展。

### （三）强化耕地质量技术实施

**1. 提高土壤肥力**　组织县、乡农业技术人员实地指导，组织农户合理轮作，平衡施肥，安全施药、施肥，推广秸秆还田、种植绿肥、施用生物菌肥，多种途径提高土壤肥力，降低土壤污染，提高土壤质量。

**2. 改良中低产田**　实行分区改良，重点突破。灌溉改良区重点抓好灌溉配套设施的改造、节水浇灌、挖潜增灌、扩大浇水面积，丘陵、山区中低产区要广辟肥源，深耕保墒，轮作倒茬，粮草间作，扩大植被覆盖率，修整梯田，达到增产增效目标。

## 二、建立和完善耕地质量监测网络

随着昔阳县工业化进程的不断加快，工业污染日益严重，在重点工业生产区域建立耕地质量监测网络已迫在眉睫。

**1. 设立组织机构**　耕地质量监测网络建设，涉及环保、土地、水利、经贸、农业等多个部门，需要县政府协调支持，成立依法行政管理机构。

**2. 配置监测机构**　由县政府牵头，各职能部门参与，组建昔阳县耕地质量监测领导小组，在县环保局下设办公室，设定专职领导与工作人员，建立企业治污工程体系，制定工作细则和工作制度，强化监测手段，提高行政监测效能。

**3. 加大宣传力度**　采取多种途径和手段，加大《环保法》宣传力度，在重点污排企业及周围乡印刷宣传广告，大力宣传环境保护政策及科普知识。

**4. 监测网络建立**　在昔阳县依据这次耕地质量调查评价结果，划定安全、非污染、轻污染、中度污染、重污染五大区域，每个区域确定10～20个点，定人、定时、定点取样监测检验，填写污染情况登记表，建立耕地质量监测档案。对污染区域的污染源，要查清原因，由县耕地质量监测机构依据检测结果，强制企业污染限期限时达标治理。对未能限期达标企业，一律实行关停整改，达标后方可生产。

**5. 加强农业执法管理**　由县农业、环保、质检行政部门组成联合执法队伍，宣传农业法律知识，对市场化肥、农药实行市场统一监控、统一发布，将假冒农用物资一律依法查封销毁。

**6. 改进治污技术**　对不同污染企业采取烟尘、污水、污碴分类科学处理转化。对工业污染河道及周围农田，采取有效物理、化学降解技术，降解铅、镉及其他重金属污染物，并在河道两岸50米栽植花草、林木、净化河水、美化环境；对化肥、农药污染农田，要划区治理，积极利用农业科研成果，组成科技攻关组，引试降解剂，逐步消解污染物。

**7. 推广农业综合防治技术**　在增施有机肥降解大田农药、化肥及垃圾废弃物污染的同时，积极宣传推广微生物菌肥，以改善土壤的理化性状，改变土壤溶液酸碱度，改善土壤团粒结构，减轻土壤板结，提高土壤保水、保肥性能。

## 三、农业政策与耕地质量管理

农业政策的出台必将极大调整农民粮食生产积极性，成为耕地质量恢复与提高的内在动力，对昔阳县耕地质量的提高具有以下几个作用：

**1. 加大耕地投入，提高土壤肥力**　目前，昔阳县丘陵面积大，中低产田分布区域广，粮食生产能力较低。农业政策的落实有利于提高单位面积耕地养分投入水平，逐步改善土壤养分含量，改善土壤理化性状，提高土壤肥力，保障粮食产量恢复性增长。

**2. 改进农业耕作技术，提高土壤生产性能**　农民积极性的调动，成为耕地质量提高的内在动力，将促进农民平田整地，耙耱保墒，加强耕地机械化管理，缩减中低产田面积，提高耕地地力等级水平。

**3. 采用先进农业技术，增加农业比较效益**　采取有机旱作农业技术，合理优化适栽技术，加强田间管理，节本增效，提高农业比较效益。

农民以田为本，以田谋生，农业政策出台以后，土地属性发生变化，农民由有偿支配变为无偿使用，成为农民家庭财富的一部分，对农民增收和国家经济发展将起到积极的推动作用。

## 四、扩大无公害农产品生产规模

在国际农产品质量标准市场一体化的形势下，扩大昔阳县无公害农产品生产成为满足社会消费需求和农民增收的关键。

**（一）理论依据**

综合评价结果，昔阳县耕地适合生产无公害农产品，适宜发展绿色农业生产。

**（二）扩大生产规模**

在昔阳县发展绿色无公害农产品，扩大生产规模，要根据耕地地力调查与质量评价结果为依据，充分发挥区域比较优势，合理布局，规模调整。一是粮食生产上，在昔阳县发展 25 万亩无公害优质玉米；二是在蔬菜生产上，发展无公害蔬菜 3 万亩；三是在水果生产上，发展无公害水果 2 万亩。

**（三）配套管理措施**

**1. 建立组织保障体系**　设立昔阳县无公害农产品生产领导小组，下设办公室，地点在县农业委员会。组织实施项目列入县政府工作计划，单列工作经费，由县财政负责执行。

**2. 加强质量检测体系建设**　成立县级无公害农产品质量检验技术领导小组，县、乡下设两级监测检验的网点，配备设备及人员，制定工作流程，强化监测检验手段，提高检测检验质量，及时指导生产基地技术推广工作。

**3. 制定技术规程**　组织技术人员建立昔阳县无公害农产品生产技术操作规程，重点抓好平衡施肥，合理施用农药，细化技术环节，实现标准化生产。

**4. 打造绿色品牌**　重点实施好无公害蔬菜、玉米、谷子、水果等生产。

## 五、加强农业综合技术培训

自 20 世纪 80 年代起，昔阳县就建立起县、乡、三级农业技术推广网络。县农业技术推广中心牵头，搞好技术项目的组织与实施，负责划区技术指导，在昔阳县设立农业科技示范户。先后开展了玉米、蔬菜、水果等优质高产高效生产技术培训，推广了旱作农业、秸秆覆盖、双千创优工程及设施蔬菜"四位一体"综合配套技术。

现阶段，昔阳县农业综合技术培训工作一直保持领先，有机旱作、测土配方施肥、生态沼气、无公害蔬菜生产技术推广已取得明显成效。充分利用这次耕地地力调查与质量评价，主抓以下几方面技术培训：①宣传加强农业结构调整与耕地资源有效利用的目的及意义；②昔阳县中低产田改造和土壤改良相关技术推广；③耕地地力环境质量建设与配套技术推广；④绿色、无公害农产品生产技术操作规程；⑤农药、化肥安全施用技术培训；⑥农业法律、法规、环境保护相关法律的宣传培训。

通过技术培训，使昔阳县农民掌握必要的知识与生产实行技术，推动耕地地力建设，提高农业生态环境、耕地质量环境的保护意识，发挥主观能动性，不断提高昔阳县耕地地力水平，以满足日益增长的人口和物资生活需求，为全面建设小康社会打好农业发展基础平台。

# 第六节　耕地资源管理信息系统的应用

耕地资源信息系统以一个县行政区域内耕地资源为管理对象，应用 GIS 技术，对辖区内的地形、地貌、土壤、土地利用、农田水利、土壤污染、农业生产基本情况、基本农田保护区等资料进行统一管理，构建耕地资源基础信息系统，并将其数据平台与各类管理模型结合，对辖区内的耕地资源进行系统的动态管理，为农业决策、农民和农业技术人员提供耕地质量动态变化规律、土壤适宜性、施肥咨询、作物营养诊断等多方位的信息服务。

本系统行政单元为，农业单元为基本农田保护块，土壤单元为土种，系统基本管理单元为土壤、基本农田保护块、土地利用现状叠加所形成的评价单元。

## 一、领导决策依据

这次耕地地力调查与质量评价直接涉及耕地自然要素、环境要素、社会要素及经济要素 4 个方面，为耕地资源信息系统的建立与应用提供了依据。通过昔阳县生产潜力评价、适宜性评价、土壤养分评价、科学施肥、经济性评价、地力评价及产量预测，及时指导农业生产的发展，为农业技术推广应用作好信息发布，为用户需求分析及信息反馈打好基础。主要依据：一是昔阳县耕地地力水平和生产潜力评估为农业远期规划和全面建设小康社会提供了保障；二是耕地质量综合评价，为领导提供了耕地保护和污染修复的基本思路，为建立和完善耕地质量检测网络提供了方向；三是耕地土壤适宜性及主要限制因素分析为昔阳县农业调整提供了依据。

## 二、动态资料更新

这次昔阳县耕地地力调查与质量评价中，耕地土壤生产性能主要包括地形部位、土体构型较稳定的物理性状、易变化的化学性状、农田基础建设 5 个方面。耕地地力评价标准体系与 1981 年土壤普查技术标准出现部分变化，耕地要素中基础数据有大量变化，为动态资料更新提供了新要求。

### （一）耕地地力动态资源内容更新

**1. 评价技术体系有较大变化**　这次调查与评价主要运用了"3S"评价技术。在技术方法上，采用文字评述法、专家经验法、模糊综合评价法、层次分析法、指数和法；在技术流程上，应用了叠置法确定评价单元，空间数据与属性数据相连接，采用特尔菲法和模糊综合评价法，确定评价指标，应用层次分析法确定各评价因子的组合权重，用数据标准化计算各评价因子的隶属函数并将数值进行标准化，应用了累加法计算每个评价单元的耕地力综合评价指数，分析综合地力指数，分布划分地力等级，将评价的地方等级归入农业部地力等级体系，采取 GIS、GPS 系统编绘各种养分图和地力等级图等图件。

**2. 评价内容有较大变化** 除原有地形部位、土体构型等基础耕地地力要素相对稳定以外，土壤物理性状、易变化的化学性状、农田基础建设等要素变化较大，尤其是土壤容重、有机质、pH、有效磷、速效钾指数变化明显。

**3. 增加了耕地质量综合评价体系** 土样、水样化验检测结果为昔阳县绿色、无公害农产品基地建立和发展提供了理论依据。图件资料的更新变化，为今后昔阳县农业宏观调控提供了技术准备，空间数据库的建立为昔阳县农业综合发展提供了数据支持，加速了昔阳县农业信息化快速发展。

### （二）动态资料更新措施

结合这次耕地地力调查与质量评价，昔阳县及时成立技术指导小组，确定专门技术人员，从土样采集、化验分析、数据资料整理编辑，电脑网络连接畅通，保证了动态资料更新及时、准确，提高了工作效率和质量。

## 三、耕地资源合理配置

### （一）目的意义

多年来，昔阳县耕地资源盲目利用，低效开发，重复建设情况十分严重，随着农业经济发展方向的不断延伸，农业结构调整缺乏借鉴技术和理论依据。这次耕地地力调查与质量评价成果对指导昔阳县耕地资源合理配置，逐步优化耕地利用质量水平，对提高土地生产性能和产量水平具有现实意义。

昔阳县耕地资源合理配置思路是：以确保粮食安全为前提，以耕地地力质量评价成果为依据，以统筹协调发展为目标，用养结合，因地制宜，内部挖潜，发挥耕地最大生产效益。

### （二）主要措施

**1. 加强组织管理，建立健全工作机制** 昔阳县要组建耕地资源合理配置协调管理工作体系，由农业、土地、环保、水利、林业等职能部门分工负责，密切配合，协同作战。技术部门要抓好技术方案制定和技术宣传培训工作。

**2. 加强农田环境质量检测，抓好布局规划** 将企业列入耕地质量检测范围。企业要加大资金投入和技术改造，降低"三废"对周围耕地污染，因地制宜大力发展绿色、无公害农产品优势生产基地。

**3. 加强耕地保养利用，提高耕地地力** 依照耕地地力等级划分标准，划定昔阳县耕地地力分布界限，推广平衡施肥技术，加强农田水利基础设施建设，平田整地，淤地打坝，中低产田改良，植树造林，扩大植被覆盖面，防止水土流失，提高梯（园）田化水平。采用机械耕作，加深耕层，熟化土壤，改善土壤理化性状，提高土壤保水保肥能力。划区制定技术改良方案，将昔阳县耕地地力水平分级划分到、到户，建立耕地改良档案，定期定人检查验收。

**4. 重视粮食生产安全，加强耕地利用和保护管理** 根据昔阳县农业发展远景规划目标，要十分重视耕地利用保护与粮食生产之间的关系。人口不断增长，耕地逐年减少，要解决好建设与吃饭的关系，合理利用耕地资源，实现耕地总面积动态平衡，解决人口增长与耕地矛盾，实现农业经济和社会可持续发展。

总之，耕地资源配置，主要是各土地利用类型在空间上的整体布局；另一层含义是指同一土地利用类型在某一地域中是分散配置还是集中配置。耕地资源空间分布结构折射出其地域特征，而合理的空间分布结构可在一定程度上反映自然生态和社会经济系统间的协调程度。耕地的配置方式，对耕地产出效益的影响截然不同，经过合理配置，农耕地相对规模集中，既利于农业管理，又利于减少投工投资，耕地的利用率将有较大提高。

一是严格执行《基本农田保护条例》，增加土地投入，大力改造中低产田，使农田数量与质量稳步提高；二是园地面积要适当调整，淘汰劣质果园，发展优质果品生产基地；三是林草地面积适量增长，加大四荒拍卖开发力度，种草植树，力争森林覆盖率达到30%，牧草面积占到耕地面积的2%以上。搞好河道、滩涂地有效开发，增加可利用耕地面积。加大小流域综合治理，在搞好耕地整治规划的同时，治山治坡、改土造田、基本农田建设与农业综合开发结合进行；要采取措施，严控企业占地，严控农宅基地占用一级、二级耕田，加大废旧砖窑和农废弃宅基地的返田改造，盘活耕地存量调整，"开源"与"节流"并举，加快耕地使用制度改革。实行耕地使用证发放制度，促进耕地资源的有效利用。

# 四、土、肥、水、热资源管理

## （一）基本状况

昔阳县耕地自然资源包括土、肥、水、热资源。它是在一定的自然和农业经济条件下逐渐形成的，其利用及变化均受到自然、社会、经济、技术条件的影响和制约。自然条件是耕地利用的基本要素。热量与降水是气候条件最活跃的因素，对耕地资源影响较为深刻，不仅影响耕地资源类型形成，更重要的是直接影响耕地的开发程度、利用方式、作物种植、耕作制度等方面。土壤肥力则是耕地地力与质量水平基础的反映。

**1. 光热资源** 昔阳县 2010 年农作物播种总面积 35.463 5 万亩，粮食作物播种面积 33.733 4 万亩，其中玉米播种面积 29.434 9 万亩，占农作物播种面积的 83%，占粮食作物播种面积的 87.26%。玉米作物在昔阳县农业生产中占有举足轻重的地位，降水量为 488.5 毫米。

昔阳县受温带、暖温带半干旱大陆性季风气候的影响，气候四季分明，冬季严寒，夏季炎热，春秋温暖。雨量分布不均，极易发生洪、旱灾害，年平均气温 9.85℃，≥10℃积温 3 330.4℃，历年平均日照时数为 2 484.6 小时，无霜期 194 天。

**2. 降水与水文资源** 昔阳县全年降水量为 499.6 毫米，雨量主要集中在 7~8 月，2 个月平均降水量 342.9 毫米，既有利于作物生长，又易发生暴雨洪灾。12 月及翌年 1 月、2 月为降水量最少的月份，3 个月平均降水 12.7 毫米。累年平均有雨日 92 天，7 月、8 月即占 31 天。30 年来，由于煤炭开采导致地下水严重渗漏，工农业生产及居民生活大量抽取地下水，使昔阳的地下水不仅储量减少，且水位下降。全县 1980—2000 年多年平均地下水资源量 9 429 万立方米，其中孔隙—裂隙水 4 352 万立方米，占 46.2%，岩溶水 5

077 万立方米，占 53.8%。

**3. 土壤肥力水平**　昔阳县耕地地力平均水平较低，依据《山西省中低产田类型划分与改良技术规程》，分析评价单元耕地土壤主要障碍因素，将昔阳县耕地地力等级的 2～5 级归并为 2 个中低产田类型，总面积 36.22 万亩，占总耕地面积的 82.71%，昔阳县耕地土壤类型为：褐土、潮土、粗骨土三大类，其中褐土分布面积较广，约占 91%，潮土约占 4%，昔阳县土壤质地较好，主要分为沙质土、壤质土、黏质土 3 种类型，其中壤质土约占 80%。土壤 pH 为 6.1～8.2，平均值为 7.7，耕地土壤容重范围为 1.33～1.41 克/立方厘米，平均值为 1.34 立方厘米。

## （二）管理措施

在昔阳县建立土壤、肥力、水热资源数据库，依照不同区域土、肥、水热状况，分类分区划定区域，设立监控点位、定人、定期填写检测结果，编制档案资料，形成有连续性的综合数据资料，有利于指导昔阳县耕地地力恢复性建设。

# 五、科学施肥体系与灌溉制度的建立

## （一）科学施肥体系建立

昔阳县平衡施肥工作起步较早，最早始于 20 世纪 70 年代未定性的氮磷配合施肥；80 年代初为半定量的初级配方施肥；90 年代以来，有步骤定期开展土壤肥力测定，逐步建立了适合昔阳县不同作物、不同土壤类型的施肥模式。在施肥技术上，提倡"增施有机肥，稳施氮肥，增施磷，补施钾肥，配施微肥和生物菌肥"。

**1. 调整施肥思路**　以节本增效为目标，立足抗旱栽培，着力提高肥料利用率，采取"稳氮、增磷、补钾、配微"原则，坚持有机肥与无机肥相结合，合理调整养分比例，按耕地地力与作物类型分期供肥，科学施用。

**2. 施肥方法**　①因土施肥。不同土壤类型保肥、供肥性能不同。对昔阳县丘陵区旱地，土壤的土体构型为通体壤或"蒙金型"，一般将肥料作基肥一次施用效果最好；对沙土、夹沙土等构型土壤，肥料特别是钾肥应少量多次施用；②因品种施肥。肥料品种不同，施肥方法也不同。对碳酸氢铵等易挥发性化肥，必须集中深施覆盖土，一般为 10～20 厘米，硝态氮肥易流失，宜作追肥，不宜大水漫灌；尿素为高浓度中性肥料，作底肥和叶面喷肥效果最好，在旱地做基肥集中条施。磷肥易被土壤固定，常作基肥和种肥，要集中沟施，且忌撒施土壤表面；③因苗施肥。对基肥充足，生长旺盛的田块，要少量控制氮肥，少追或推迟追肥时期；对基肥不足，生长缓慢田块，要施足基肥，多追或早追氮肥；对后期生长旺盛的田块，要控氮补磷施钾。

**3. 选定施用时期**　因作物选定施肥时期。玉米追肥宜选在拔节期和大喇叭口期施肥，同时可采用叶面喷施锌肥。

在作物喷肥时间上，要看天气施用，要选无风、晴朗天气，早上 8～9 点以前或下午 4 点以后喷施。

**4. 选择适宜的肥料品种和合理的施用量施肥**　在品种选上，增施有机肥、高温堆沤积肥、生物菌肥；严格控制硝态氮肥施用，忌在忌氯作物上施用氯化钾，提倡施用硫酸钾肥，补施铁肥、锌肥、硼肥等微量元素化肥。在化肥用量上，要坚持无害化施用原则，一般菜田，亩施腐熟农家肥 2 000～3 000 千克、尿素 25～30 千克、磷肥 40 千克、钾肥 10～15 千克。日光温室以番茄为例，一般亩产 5 000 千克，亩施有机肥 3 000 千克、氮肥（N）25 千克、磷（$P_2O_5$）23 千克、（$K_2O$）16 千克，配施适量硼、锌等微量元素。

### （二）灌溉制度的建立

昔阳县为贫水区之一，主要采取抗旱节水灌溉为主。

**1. 旱地区集雨灌溉模式** 主要采用有机旱作技术模式，深翻耕作，加深耕层，平田整地，提高园（梯）田化水平，地膜覆盖，秸秆覆盖蓄水保墒，高灌引水，节水管灌等配套技术措施，提高旱地农田水分利用率。

**2. 扩大井水灌溉面积** 水源条件较好的旱地，打井造渠，利用分畦浇灌或管道渗灌、喷灌，节约用水，保障作物生育期一次透水。平川井灌区要修整管道，按作物需水高峰期浇灌，全生育期保证 2～3 水，满足作物生长需求。切忌大水漫灌。

### （三）体制建设

在昔阳县建立科学施肥与灌溉制度，农业、技术部门要严格细化相关施肥技术方案，积极宣传和指导；水利部门要抓好淤地打坝、井灌配套等基本农田水利设施建设，提高灌溉能力；林业部门要加大荒坡、荒山植树植被、绿色环境，改善气候条件，提高年际降水量；农业环保部门要加强基本农田及水污染的综合治理，改善耕地环境质量和灌溉水质量。

# 六、信息发布与咨询

耕地地力与质量信息发布与咨询，直接关系到耕地地力水平的提高，关系到农业结构调整与农民增收目标的实现。

### （一）体系建立

以县农业技术部门为依托，在省、市农业技术部门的支持下，建立耕地地力与质量信息发布咨询服务体系，建立相关数据资料展览室，将昔阳县土壤、土地利用、农田水利、土壤污染、基本农业田保护区等相关信息融入电脑网络之中，充分利用县、乡两级农业信息服务网络，对辖区内的耕地资源进行系统的动态管理，为农业生产和结构调整做好耕地质量动态变化、土壤适宜性、施肥咨询、作物营养诊断等多方位的信息服务。在乡建立专门试验示范生产区，专业技术人员要做好协助指导管理，为农户提供技术、市场、物资供求信息，定期记录监测数据，实现规范化管理。

### （二）信息发布与咨询服务

**1. 农业信息发布与咨询** 重点抓好玉米、蔬菜、水果、设施农业等适栽品种供求动态、适栽管理技术、无公害农产品化肥和农药科学施用技术、农田环境质量技术标准的入户宣传、编制通俗易懂的文字、图片发放到每家每户。

**2. 开辟空中课堂抓宣传** 充分利用覆盖昔阳县的电视传媒信号，定期做好专题资料宣传，并设立信息咨询服务电话热线，及时解答和解决农民提出的各种疑难问题。

**3. 组建农业耕地环境质量服务组织**　在昔阳县乡（镇）、村选拔科技骨干，统一组织耕地地力与质量建设技术培训，组成农业耕地地力与质量管理服务队，建立奖罚机制，鼓励他们谏言献策，提供耕地地力与质量方面信息和技术思路，服务于昔阳县农业发展。

**4. 建立完善执法管理机构**　成立由昔阳县国土、环保、农业等行政部门组成的综合行政执法决策机构，加强对昔阳县农业环境的执法保护。开展农资市场打假，依法保护利用土地，监控企业污染，净化农业发展环境。同时配合宣传相关法律、法规，让群众家喻户晓，自觉接受社会监督。

图书在版编目（CIP）数据

昔阳县耕地地力评价与利用 / 何振强主编 . —北京：
中国农业出版社，2016.12
ISBN 978-7-109-22514-5

Ⅰ.①昔… Ⅱ.①何… Ⅲ.①耕作土壤－土壤肥力－
土壤调查－昔阳县②耕作土壤－土壤评价－昔阳县 Ⅳ.
①S159.225.4②S158

中国版本图书馆 CIP 数据核字（2016）第 311985 号

中国农业出版社出版
（北京市朝阳区麦子店街 18 号楼）
（邮政编码 100125）
责任编辑 杨桂华
————————————
中国农业出版社印刷厂印刷 新华书店北京发行所发行
2017 年 3 月第 1 版 2017 年 3 月北京第 1 次印刷
————————————
开本：787mm×1092mm 1/16 印张：8 插页：1
字数：200 千字
定价：80.00 元
（凡本版图书出现印刷、装订错误，请向出版社发行部调换）